男裝&童裝

成 衣 打 版 技 法

Pattern Making & Production of
Men's and Children's Garments

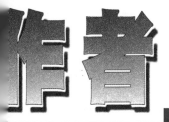

作者

資歷
EXPERIENCE ●●●●●

袋麗明

◎蕾妮時裝公司打版師　◎徐榮昌牛耳服飾開發打版師
◎巧屋個人訂作店工作室 ◎臺東縣立婦女會縫紉班指導老師
◎臺東縣立獅子會制服造型設計顧問　◎亞蜜兒服飾開發設計師
◎多次前往歐洲、日本、香港、大陸及東南亞時裝趨勢考察
◎如柔牛仔服飾開發設計師、打版師　◎臺北救國團成衣打版課程指導老師
◎寶島服飾開發公司服裝設計師◎良沈纖維公司布料設計企劃顧問
◎臺南救國團服裝美學企劃課程指導老師
◎臺南新女牛仔系列服飾開發公司服裝設計、打版師
◎臺南米提服飾開發公司設計師◎臺南式式服飾開發公司設計師
◎炘盛成衣貿易公司約聘顧問
◎翁麗明服飾設計、企劃、打版學苑顧問中心
◎藝峰服飾開發公司設計、打版師
◎出版「創意成衣打版基礎‧流行版」女裝一書
◎諮詢電話：(06)288-1316

蘇惠玲

◎國立臺灣師範大學家政教育學系畢業
◎輔仁大學織品服裝研究所碩士班畢業
◎省立頭城家商服裝科科主任　◎省立頭城家商服裝科專任教師
◎輔仁大學織品服裝系圖書館助教　◎中華民國流行色彩協會研究員
◎第十四屆國際服飾會議發表著作
◎康和出版社國中家政教科書服裝單元顧問
◎出版「創意成衣打版基礎‧流行版」女裝一書
◎諮詢電話：(039)772-488

在教育界常聽到學生說：「男裝的資料好少哦！好難找。」這或許是我們兩人繼女裝打版書之後，想繼續研究的動機吧！市面上有關男裝及童裝的打版書籍（除了少數翻譯日文書籍之外），可說是少之又少。歸各其原因大致可分成兩點：一、在教育界職校及專科以上學服裝的男女生人數比例，女生多於男生甚多。學校課程的安排也是偏重女裝的學習，故在市場需求率不高及課程無法刺激男裝的學習之下，想要鼓勵學習服裝者往此方向深入研究及出版相關書籍，恐怕是很難的。二、從事男士西服訂作店的男裝師父，大都是學徒出身，其製作技術方面能力很強，但是請他們將其技術導論編寫出版成書籍，供大家參考，這或許對他們而言也是相當困難的。

在國內的服裝流行市場上，大多數男士不像女生般時時緊密地追求流行的步伐。穿著時髦的男士，在影劇圈較容易出現，平常的上班族，若打扮非常時髦，反而容易引起不莊重、奇怪的評判眼光。因而一件男裝穿著十年是不足為奇的，反觀女裝許多衣服經過一年後，就被市場淘汰了。因此，男裝的款式、質料及外型線條不像女裝般變化萬千，故此書男裝打版的款式，是以基本的男裝款式為主，例如長褲、短褲、襯衫、T恤、外套、背心、西裝及禮服等，其中再配合一些流行款式，使能在基本的款式中又帶點時尚的現代人之感。

● 此書除了上述的特點外，其特色另有：

(一) 每一件款式都是經過市場行銷的考驗，不會出現打版出來的款式不合宜的情形。

(二) 生動活潑的服裝畫，皆是依照打版的款式尺寸比例精心繪製而成，絕無誇張不符的情形。

(三) 打版的款式，皆是採用淺顯易懂、由淺到深入的編著方式，讓初學者能輕鬆自學。

(四) 打版的款式設計，結合時裝的流行趨勢及人體的機能性，使能呈現優美的現代流行線條及兼具舒適性的穿著。

雖然此書是兩人花費多年的心血結晶，但仍不免有疏漏或不宜之處，敬請讀者多包容與不吝賜教。

翁麗明・蘇惠玲
1998.5.12 謹識

目錄
● CONTENT ●

第三章　男裝外套

第四章　男式背心

第五章　男式西裝

第六章　外套及大衣

CONTENT · CONTENT · CONTENT · CONTENT

製圖工具簡介

製圖時需要一些輔助畫直線、曲線的工具，以便能迅速、正確地畫出想要的線條。製圖工具雖有公分及英吋之分，但使用的原理是一樣的，以下介紹幾種常用的尺寸換算法：

(1)1 公尺約等於 3.3 台尺

(2)1 台尺約等於 30 公分

(3)1 台寸約等於 3 公分

(4)1 吋約等於 2.54 公分

(5)1 碼約等於 3 台尺

(6)1 呎等於 12 吋

以下分別介紹常用的幾個製圖工具：

1. 直尺

可量長度及畫直線使用，也可用在裁剪及縫製上。材料有竹製、塑膠製及金屬製等，有 20 、 30 、 50 、 100 公分等不同規格。

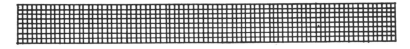

2. 方格尺

可量長度、畫直線、平行線、直角、45度線使用，是透明的規尺，上面方格亦是尺寸的大小，很方便使用。因其柔軟度佳，也可將方格尺彎曲，量取彎曲的尺寸，如袖襱、袖山等。公分製有 40 、 50 、 60 公分的規格，英吋製有 20 英吋的規格。

3. 彎尺

畫脅線、褶子、領子等彎曲度使用。

4. L尺

兼具彎尺及角尺的性能，可畫直線及彎曲線。

5. 雲尺

可畫袖山、袖襱、領圍等彎曲線使用。

6. D彎尺

畫袖襱線、領圍線等彎曲線使用。

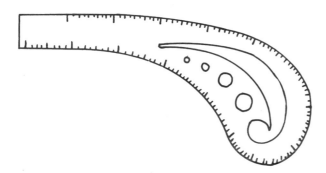

7. 縮尺

將實際尺寸縮為1/4或1/5的刻度尺，形狀類似三角板，兼具有角尺與彎尺的性能，通常用於畫縮小圖使用。

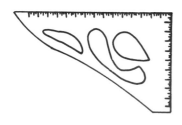

8. 皮尺

可用於量身及測量領圍、袖山、袖襱等彎曲線的尺寸大小。

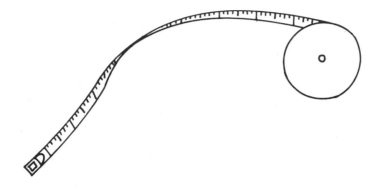

製圖符號

熟悉打版的製圖符號是相當重要的。其理由如下：

一、可省去說明打版圖的麻煩與時間。

二、能保持版面的工整性。

三、便利於參考其他打版書籍。

四、從打版圖形中可得知如何裁布、車縫及伸燙等。

下面介紹常用的製圖符號。

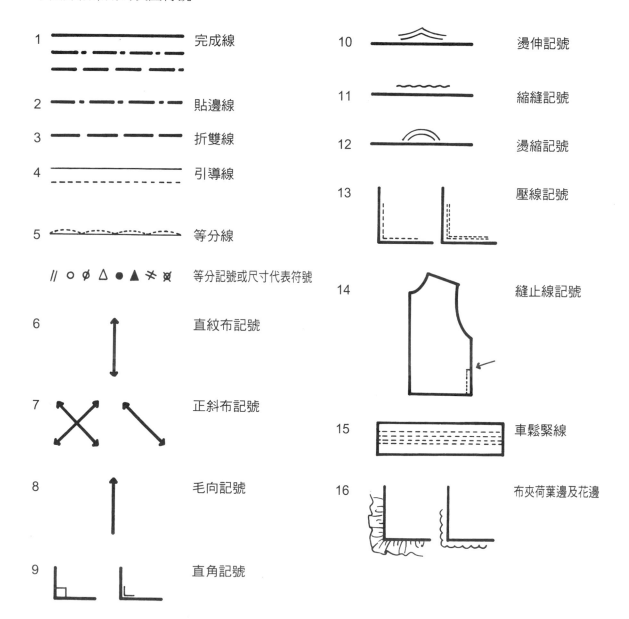

1　完成線

2　貼邊線

3　折雙線

4　引導線

5　等分線

　　等分記號或尺寸代表符號

6　直紋布記號

7　正斜布記號

8　毛向記號

9　直角記號

10　燙伸記號

11　縮縫記號

12　燙縮記號

13　壓線記號

14　縫止線記號

15　車鬆緊線

16　布夾荷葉邊及花邊

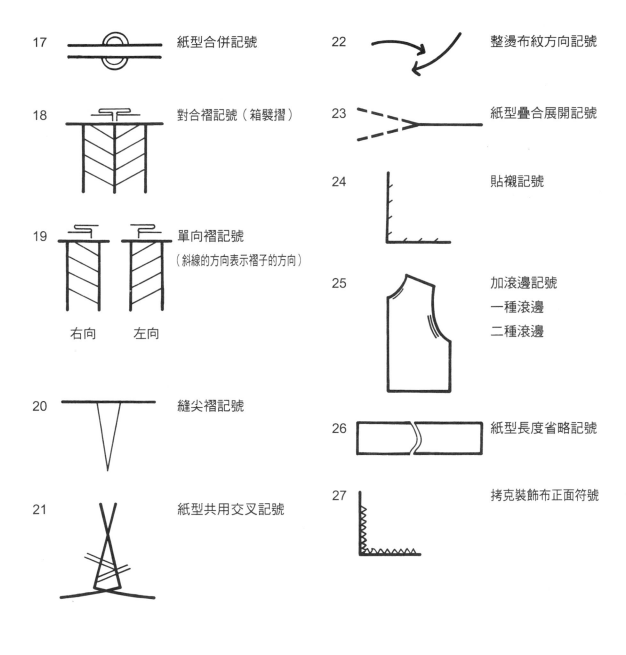

17　　紙型合併記號

18　　對合褶記號（箱襞摺）

19　　單向褶記號
　　　（斜線的方向表示褶子的方向）

右向　　左向

20　　縫尖褶記號

21　　紙型共用交叉記號

22　　整燙布紋方向記號

23　　紙型疊合展開記號

24　　貼襯記號

25　　加滾邊記號
　　　一種滾邊
　　　二種滾邊

26　　紙型長度省略記號

27　　拷克裝飾布正面符號

公分與英寸對照表

公分	英寸	公分	英寸	公分	英寸
0.3	1/8	12.5	5 吋	92.5	37 吋
0.6	1/4	15	6 吋	95	38 吋
1	3/8	17.5	7 吋	97.5	39 吋
1.3	1/2	20	8 吋	100	40 吋
1.6	5/8	22.5	9 吋	102.5	41 吋
1.9	3/4	25	10 吋	105	42 吋
2.3	7/8	27.5	11 吋	107.5	43 吋
2.5	1 吋	30	12 吋	110	44 吋
2.8	$1\frac{1}{8}$ 吋	32.5	13 吋	112.5	45 吋
3.1	$1\frac{1}{4}$ 吋	35	14 吋	115	46 吋
3.5	$1\frac{3}{8}$ 吋	37.5	15 吋	117.5	47 吋
3.8	$1\frac{1}{2}$ 吋	40	16 吋	120	48 吋
4.1	$1\frac{5}{8}$ 吋	42.5	17 吋	122.5	49 吋
4.4	$1\frac{3}{4}$ 吋	45	18 吋	125	50 吋
4.8	$1\frac{7}{8}$ 吋	47.5	19 吋	127.5	51 吋
5	2 吋	50	20 吋	130	52 吋
5.3	$2\frac{1}{8}$ 吋	52.5	21 吋	132.5	53 吋
5.6	$2\frac{1}{4}$ 吋	55	22 吋	135	54 吋
6	$2\frac{3}{8}$ 吋	57.5	23 吋	137.5	55 吋
6.3	$2\frac{1}{2}$ 吋	60	24 吋	140	56 吋
6.6	$2\frac{5}{8}$ 吋	62.5	25 吋	142.5	57 吋
6.9	$2\frac{3}{4}$ 吋	65	26 吋	145	58 吋
7.3	$2\frac{7}{8}$ 吋	67.5	27 吋	147.5	59 吋
7.5	3 吋	70	28 吋	150	60 吋
7.8	$3\frac{1}{8}$ 吋	72.5	29 吋	152.5	61 吋
8.1	$3\frac{1}{4}$ 吋	75	30 吋	155	62 吋
8.5	$3\frac{3}{8}$ 吋	77.5	31 吋	157.5	63 吋
8.8	$3\frac{1}{2}$ 吋	80	32 吋	160	64 吋
9.1	$3\frac{3}{8}$ 吋	82.5	33 吋	162.5	65 吋
9.4	$3\frac{3}{4}$ 吋	85	34 吋	165	66 吋
9.8	$3\frac{7}{8}$ 吋	87.5	35 吋	167.5	67 吋
10	4 吋	90	36 吋	170	68 吋

 男裝單元

男裝的概論

　　「人要衣裝，佛要金裝」，雖然男裝的變化不如女裝那麼多彩多姿，不過衣服可以掩飾身體上的缺陷、強調身材的美感及增加權威性等功能，則是不爭的事實。所以，既使許多男性並不像女性般比較喜愛追求服裝的流行性，但如何穿出適合自己的服裝？如何因時、因地及因場合適當的穿著，則是應該明瞭的。

　　男性的服裝種類大致有西裝、襯衫、夾克、T恤、短褲及長褲等，其中西裝、襯衫及長褲是上班族最常穿著搭配的服裝，而此三種服裝穿著的順序依次為長褲、襯衫、西裝。因此，在此僅依次介紹穿著此三種衣服時，應注意的事項：

一、長褲

　　通常長褲都有製作口袋，因此應把平常裝在口袋的東西放進去，穿上鞋子，再照鏡子審視穿著是否合乎下列的要求：

1. 腰部

　　長褲腰帶的正確位置應當略高於肚臍，而且應與地面呈水平，不能前低後高或左右不等高的情形。許多肚子稍大的男士，習慣將褲腰垂掛在兩側的寬骨上，造成前低後高較邋塌的外觀，此點應加以改善。另外屬於腰圍鬆緊度方面，若是不繫腰帶，褲子容易鬆脫下來或是皮帶繫好後，下面的布料鼓浮出來，則是褲腰太鬆；反之，若是不繫腰帶時，很難將手掌伸入褲腰裡面，則是腰圍太緊。

2. 臀部

　　男士的腹部尤其是步入中年後，容易產生所謂的啤酒肚，而易使腰身處比臀圍尺寸大，因此穿著長褲時，臀部處易呈現鬆垮不合身的情形，因此改正之處是請裁縫師，將臀部多餘的鬆份，用珠針依著體型做修正，再檢查是否影響股下的外型，是否達到美的比例。

3. 長度

　　長褲的褲襬有反褶疊邊或不反褶疊邊的設計，若是褲襬不反褶，穿著時腳後跟應比前腳背的褲長多 1/2 英吋至 3/4 英吋之間，而形成側面前短後長斜線型態。若為反褶疊邊的設計，則需前後褲口等長，而與地面呈平行狀。

二、襯衫

1. 領子

因人體會隨著年紀的增長而改變，所以購買襯衫時頸圍的尺寸需多注意。尤其襯衫領圍的鬆緊度，與人體的舒適性關係密切，因此更需留意。另外，襯衫領子後面的高度和穿者頸子的長度成正比；領子前面的高度要和穿著者的年齡成正比，以便能掩飾頸上的皺紋。例如，年老時頸上的皺紋比年輕時為多，領子前面的高度應該比年輕時較高。其次，襯衫兩個領角的分開度，需與西裝領口相配合，也需考慮平常習慣穿著的領結大小，是否有不美觀之感？

2. 腰身

一件完美合身的腰圍剪裁，必須不能太鬆或是太緊而引起身體的不適，且身上不應有鼓起或起縐，應要調整能活動自如。坐下時，也不會使的釦子扣合處繃開。

3. 長度

合適的衣身長度，必須是身體活動時，紮入褲腰的衣襬，不會被拉出褲腰外面。個子高大者，需注意襯衫鈕釦的數目及分配的位置是否適當。通常襯衫大多有六顆釦子，但個子高大者最後一顆釦子常會被拉出褲腰，或露出下襬來，形成不美觀之狀。因此，此種體型者，應增加襯衫長度，及下襬處多增加一個釦子。

4. 袖子

袖子的袖山高，會影響袖型的美觀與否。但袖山若太高，袖型雖好看，但卻活動不易；袖山若太低，活動雖自如，袖型卻不好看。因此，如何取得適當的袖山高，是很重要的。襯衫的袖子長度應比西裝要長，應比西裝外套的袖子多出1/2英吋。因此，如要量得正確的襯衫袖長，應穿上常搭配的西裝外套。

三、西裝

臺灣話稱西裝為「西米羅」，此名詞淵源來自英國製作西服最有名的SAVILE ROW，此處是從二十世紀初，被公認是全球訂製西服手工最佳之處。最早的西服大部分亦是訂製的，惟近些年來成衣的蓬勃發展，男士的成衣式西服，受其影響也漸漸為多。但不管是訂製或成衣的方式，都需注意下列事項：

1. 領口

正確的標準為西裝上衣必須服貼在襯衫的領口，同時兩者也必須自然浮貼住脖子，不能有起縐或鼓起的情形。襯衫的領口必須比西裝高出一定的高度。

2. 袖子

西裝外套的袖底應離大拇指尖五英吋，且不超過五英吋半。西裝袖口高度需高於襯衫 1/2 英吋左右， 適度露出襯衫的袖口，會讓人顯的更有精神。因此，試穿時最好拿出常穿的襯衫，作為比較的標準。另外，兩臂撐開如趴在桌上睡覺般，如果背後或腋下兩側覺的太緊或出現很多縐褶。或是坐公車時，雙手攀公車吊環，袖子太緊，皆是不合宜的現象。

3. 胸部

合宜的西裝設計，衣身表面應有硬挺之感，不能出現鼓起或起縐的現象，應讓人穿起來更有精神及氣勢。過於寬鬆或緊身，會讓人有沒精神不合適之感。測試的方法是把平常會放在口袋的東西放好後，再扣合第一個釦子，觀察兩個領片交叉前胸處是否平整，不起縐，不鼓起，及翻領不可翹起或塌入。

4. 腰身

觀察腰身空間是否適當，測試方法為扣上西裝的所有釦子之後，檢查腰身是否過於寬鬆或緊身。坐下時，若有撐開的情形，則要修改。對於腹部比較肥胖者，應注意褲腰和之下的褲管，感覺應是一體成形的。

5. 長度

外套的長度衡量標準為兩手貼在兩脅邊處伸直，然後將手指頭握起，如果衣襬比拳頭長或短皆不宜，適合的長度為在拳頭處。但是，若是手臂是比一般人較長或短的特殊體型者，則不適用於上述的原則，應作適當的調整。

男女性體型的差異

　　學習男裝打版技巧，首先應詳加了解男性體型的特徵。為了使打版者，能有較深刻的體會男性的體型，此處以男女性體型的比較方式來介紹。

　　男女的身體在構造上幾乎差不多。男性的體型的主要特徵是骨骼很大，肩幅很寬，肌肉或骨骼很容易表現在體表上。女性的骨骼較小，肌肉都被脂肪覆蓋。尤其乳房及大的臀部更是女性的特徵。男性因皮下脂肪比女性少，故若是較為窄身束緊的服飾，身體較容易產生不適；反之，女性因皮下脂肪較多，穿著緊身的服飾身體仍可接受。

　　以下將分別介紹男女體型的差異，順便可參考男女體型正面及側面圖示，將更能清楚了解。

男女性正面骨骼分佈圖　　　　　　　　　　男女性側面骨骼分佈圖

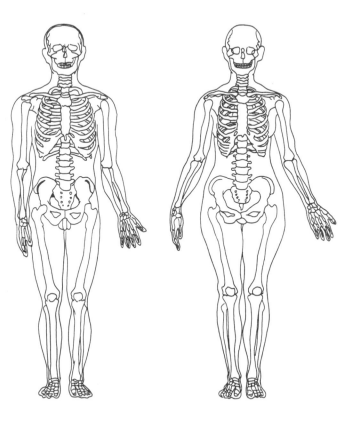
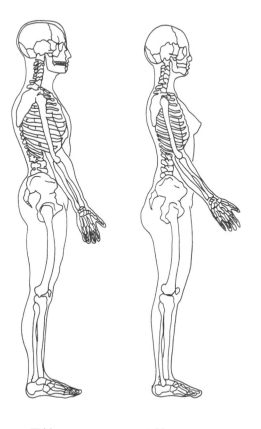

男性　　　　　　　女性　　　　　　　　男性　　　　　　　女性

1. 臉部

一般而言，女性的臉比較柔和，而男性的臉則顯的較有角度。通常男性的額頭較寬廣，眉毛粗大，眉弓較突出，眉毛和眼睛較接近，臉頰有角度，鼻子較粗大且鼻樑的中間處鼻骨稍隆起。

2. 脖子、肩膀

男性的脖子比女性較粗大、喉結明顯，且肩膀處僧帽肌較發達，比女性有厚度感。鎖骨比女性較長又較彎曲，所以肩幅較寬又稍微突出。

3. 胸部、腹部

一般而言，男性的胸部比女性長、寬及厚度也較大，而女性則是骨盤較大。所以，男女的胴體的形狀變成底邊相反的三角形。男性的骨骼很大，肌肉或骨骼很容易表現在體表上，女性的骨骼較小，肌肉及骨骼被脂肪蓋住而變成平滑的體表，因此男性的胸部凹凸部份也比較明顯。女性由於胸部和骨盤的間隔較大，故從側面看時，腹部及臀部顯的較低。此外，女性胸部有發達的乳房，乳房因沒有骨頭及肌肉，容易變形。

4. 臀部

骨盤的大小是男女差別最顯著的部位。骨盤是由左右兩側的寬骨、仙骨和尾骨所組成，整體看起來有如一個缽，保護著容納在其中的器官，這是與懷孕和生產有密切關係的部位。女性的骨盤比男性寬及短，成為扁平的型態，和脊柱連接的方法，女性是整個骨盤向前傾斜，仙骨和尾骨向後上方突出。男性是向上。女性由於骨盤較寬的關係，臀部的寬度也較大。

5. 上下肢

男性的上腕骨比女性稍長，因此肘或手指先端的位置比女性低。女性的腿部脂肪較多因而曲度較圓滑。手指部份，女性的手因皮下脂肪的關係而帶有弧度，細且柔軟。相反的，男性的手指關節部份隆起而粗糙。

6. 外生殖器

男性外生殖器是陰囊和陰莖。女性從外面可看見的外生殖器是外陰部。男性因外生殖器之故，體表腹部下方呈現突起狀，而女性則無。

男裝量身法

　　量身前需先觀察被量身者的體型，是否姿勢站立適當？是否左右肩斜不一致、駝背等特殊體型，然後再參考前面單元所提及的體型特徵，請被量身者不要穿太多衣服，以薄的汗衫搭配短褲或長褲為主。量身者站在斜右前方，按照順序動作迅速、準確的量身。以下將介紹量身部位與量身方法。(可參考下圖男士尺寸表中的標準尺寸)

尺寸＼部位	胸圍	腰圍	臀圍	袖長	背長	股上	股下	褲長
M	37"	31"	37"	23"	16"	$10\frac{1}{2}$"	$28\frac{1}{2}$"	39"
L	39"	33"	39"	23"	16"	$10\frac{3}{4}$"	$28\frac{1}{4}$"	39"
2L	41"	35"	41"	23"	16"	11"	28"	39"
XL	43"	37"	43"	23"	16"	$11\frac{1}{4}$"	$27\frac{3}{4}$"	39"

※股上＋股下＝褲長

圖一為全身的量身部位圖，量身前先參考此圖，可節省量身的時間及提高量身的準確度。

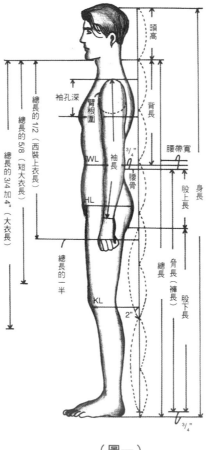

（圖一）

圖二為頸圍、胸寬、胸圍、腰圍及臀圍的量身位置。

頸　圍：將皮尺豎起，繞過頸圍前中心點、側頸點及頸圍後中心點，在前方加約一手指的寬份而測量一周。

胸　寬：量胸部左右的前腋點之間的尺寸。此尺寸雖在製圖上不需用到，但可作為製圖完成之後參考的數據。

胸　圍：使用皮尺在上臂的根部處，將上半身最寬大的地方水平環繞一周。

腰　圍：因男性在腰圍處呈現直筒型為多，所以不易量取腰處最細的位置，故以腰骨為基準向上3/4英吋量取腰圍尺寸（參見圖一），或在男士著褲（不束緊）的褲腰帶上，量取一圈。

臀　圍：在臀部最突出的地方水平環繞一圈。腹部突出或大腿粗壯者，需酌量加出突出的份量，以便能修飾身材。

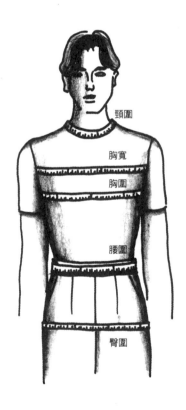

頸圍

胸寬

胸圍

腰圍

臀圍

（圖二）

圖三為脅長的量身位置

脅　長：自側面的腰圍線經過膝蓋量至褲襬（離地板3/4英吋），此處亦是量褲長的方式，其長度可依喜好來決定。

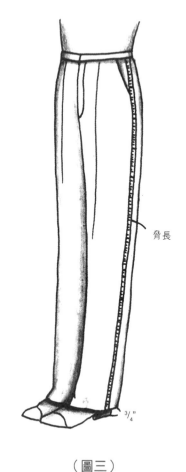

骨長

3/4"

（圖三）

圖四為肩寬、背寬、背長及總長的量身位置

肩　寬：自左或右的肩端點起，經過後頸中心點之間的長度。呈現的並不是水平線，而是有
　　　　點彎曲度。

背　寬：量背部左右後腋點之間的尺寸，需依肩胛骨的挺度而測量。

背　長：自頸圍後中心點（第七頸椎骨），量至腰圍線。需考慮肩胛的挺度而稍微鬆一些。

總　長：自頸圍後中心點量到地板的長度。

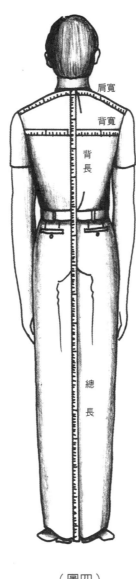

（圖四）

圖五為袖長的量身位置

袖　長：自肩點順著手臂彎曲的弧度量至手腕點。製作西裝或大衣時需加上墊肩的厚度而
　　　　量。

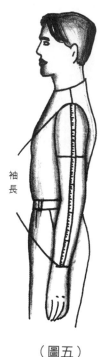

袖長

（圖五）

圖六為股下長的量身位置

股下長：將臀溝輕輕地推上去而量至距離地板3/4英吋的長度。脅長減去股上長的尺寸，即
　　　　為股下長的尺寸。

股下長

3/4"

（圖六）

男子服原型

製圖尺寸
肩寬 17"
胸圍 38"
背長 16"

補充說明

1. 此原型是以肩寬、胸圍及背長尺寸為基準而製圖。

2. 因男裝袖子是依服裝種類而有一片袖及兩片袖的製圖，所以沒有特定型。

3. 男裝上衣通常是左身片蓋右身片，所以上衣原型畫左身片。

4. 男士標準體型尺寸可參考前面男裝量身法單元。

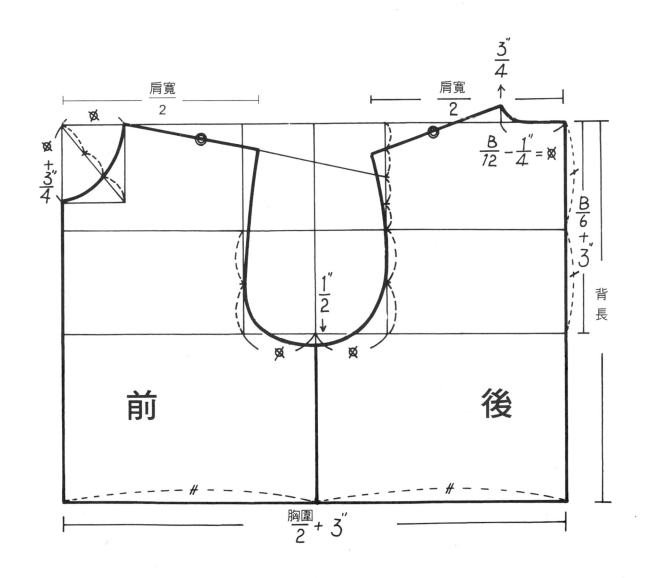

第一章

● 男裝褲子

男裝褲子

子

男裝褲子

男裝褲子

裝褲子

製圖尺寸

褲長 39"	前褲口 8"
股上 $10\frac{1}{2}$"	後褲口 9"
股下 $28\frac{1}{2}$"	
W31"	前膝寬 8"
H37"	後膝寬 9"

1

合身型西裝褲

補充說明

1.前片有口袋的設計。

2.後片有二尖褶的設計。

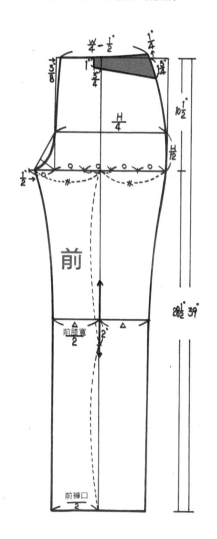

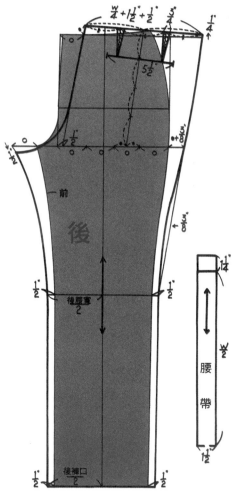

長褲放縮尺寸

尺寸 部位	A	原型	B	C
股　上	$10^1/_8$"	$10^1/_2$"	$10^7/_8$"	$11^1/_4$"
股　下	$27^3/_4$"	$28^1/_2$"	$29^1/_4$"	30"
腰　圍	29"	31"	33"	35"
臀　圍	35"	37"	39"	41"
前褲口	$7^1/_2$"	8"	$8^1/_2$"	9"
後褲口	$8^1/_2$"	9"	$9^1/_2$"	10"

製圖尺寸	
褲長 39"	前褲口 8"
股上 $10^1/_2$"	後褲口 9"
股下 $28^1/_2$"	
W31"	前膝寬 8"
H37"	後膝寬 9"

長褲原型放縮圖

補充說明

1. 此件為簡易的長褲紙型放大及縮小圖。

2. 此放縮圖是以原型尺寸為基礎來打版,再依此原型圖每
   間隔以 $3/_8$" 或 $1/_4$" 等尺寸作等比例的放大或縮小。

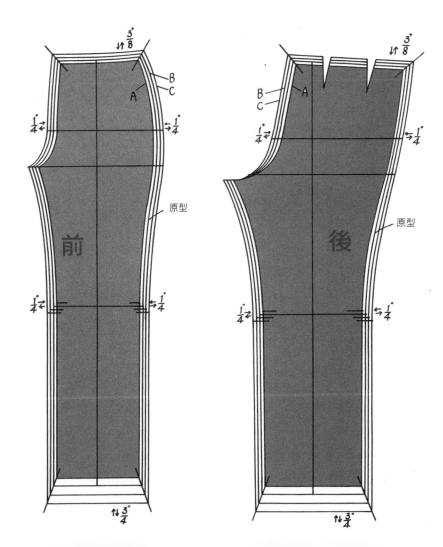

製圖尺寸

褲長 39”	W31”
股上 $10\frac{1}{2}$”	H37”
股下 $28\frac{1}{2}$”	前褲口寬 8”
後褲口寬 9”	

長褲（一）

補充說明

1.前右腰帶處及前兩脅邊有口袋的設計。

2.腰帶脅邊處，有小飾帶調整腰帶鬆緊度。

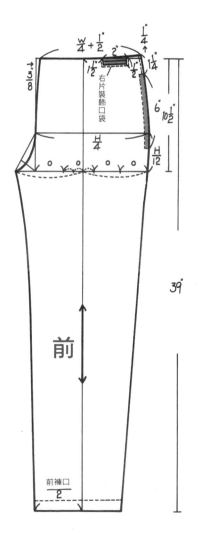

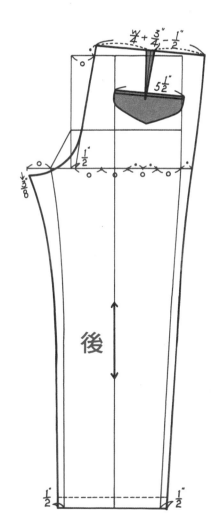

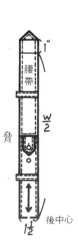

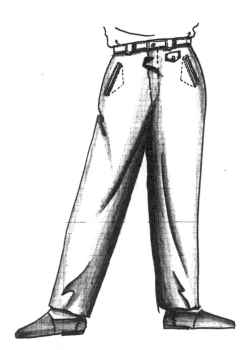

製圖尺寸

褲長 39"	W31"
股上 $10\frac{1}{2}$"	H37"
股下 $28\frac{1}{2}$"	前褲口寬 8"
	後褲口寬 9"

長褲（二）

補充說明

1.前片有雙滾邊及小袋蓋口袋的設計。

2.前褲口有開叉的設計。

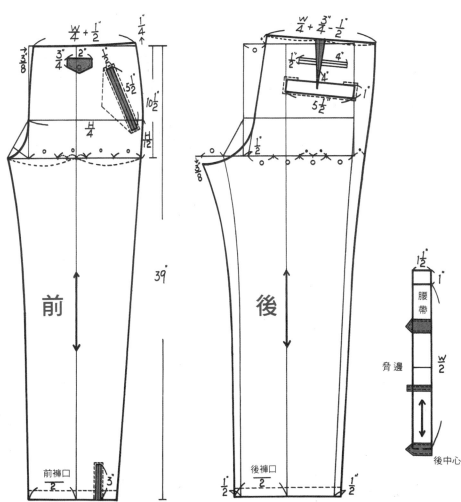

製圖尺寸

褲長 39"	前膝寬 8$\frac{1}{2}$"
股上 10$\frac{1}{2}$"	後膝寬 9$\frac{1}{2}$"
股下 28$\frac{1}{2}$"	前褲口 8$\frac{1}{2}$"
W31"	後褲口 9$\frac{1}{2}$"
H37"	

5

長褲（三）

補充說明

1. 前片有一活褶的設計。

2. 腰帶上有飾布的設計。

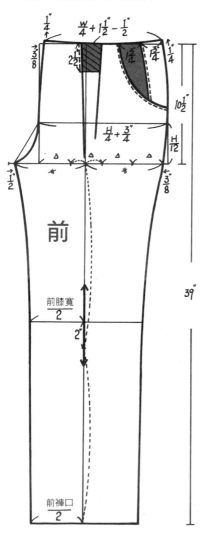

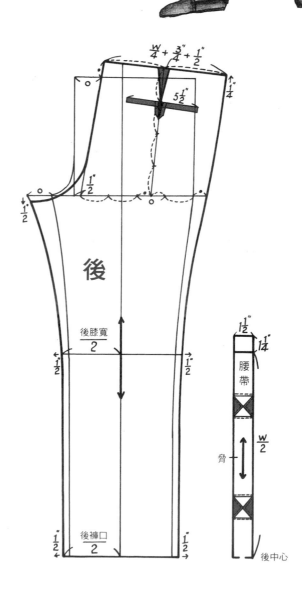

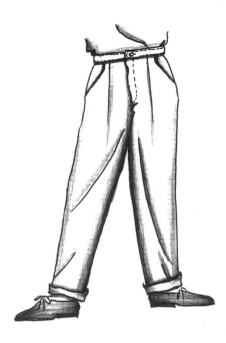

6

製圖尺寸	
褲長 39"	前膝寬 8½"
股上 10½"	後膝寬 9½"
股下 28½"	
W31"	前褲口 8½"
H37"	後褲口 9½"

長褲（四）

補充說明

1.前片有單向褶；後片有尖褶的設計。

2.褲口處有反褶的設計。

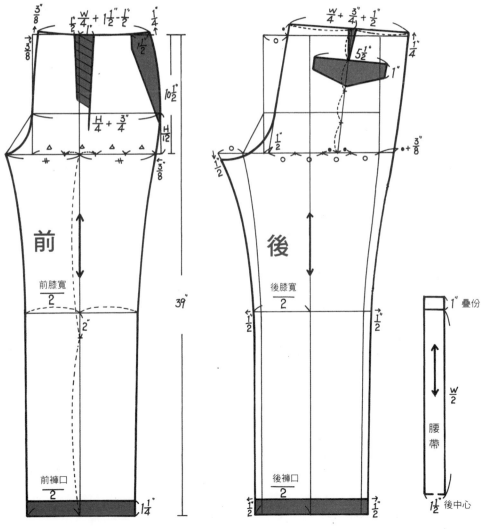

製圖尺寸

褲長 39"	前膝寬 8$\frac{1}{2}$"
股上 10$\frac{1}{2}$"	前膝寬 8$\frac{1}{2}$"
股下 28$\frac{1}{2}$"	
腰圍 31"	前褲口 8$\frac{1}{2}$"
臀圍 37"	後褲口 9$\frac{1}{2}$"

長褲（五）

補充說明

1.前兩脅邊有口袋的設計。

2.前片有活褶、後片有尖褶的設計。

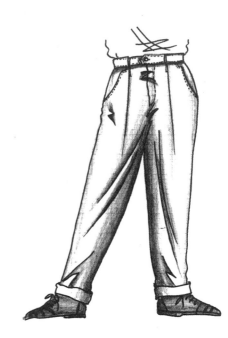

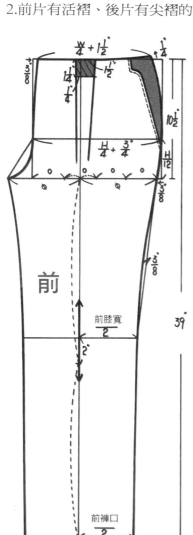

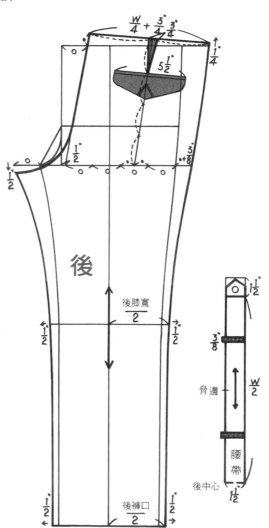

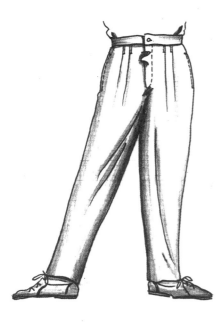

製圖尺寸

褲長 39"	前膝寬 9$\frac{1}{2}$"
股上 10$\frac{1}{2}$"	後膝寬 10$\frac{1}{2}$"
股下 28$\frac{1}{2}$"	前褲口 8"
W31"	後褲口 9"
H37"	

長褲（六）

補充說明

1.前片有二單向褶的設計。

2.後片有尖褶及蓋式口袋設計。

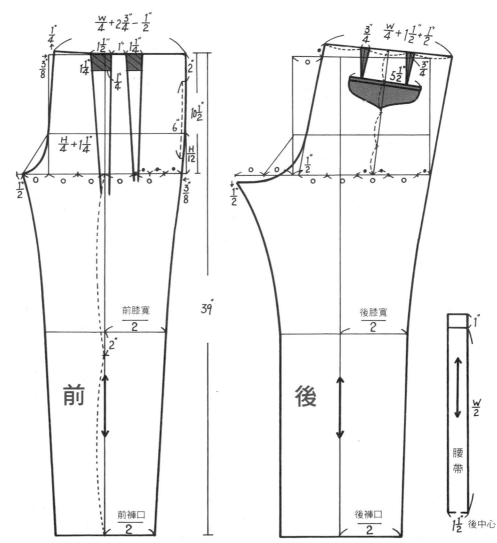

製圖尺寸

褲長 39"	前膝寬 $9\frac{1}{2}$"
股上 $10\frac{1}{2}$"	前膝寬 $10\frac{1}{2}$"
股下 $28\frac{1}{2}$"	
W31"	前褲口 8"
H37"	後褲口 9"

9

長褲（七）

補充說明

1.前片有活褶及雙滾邊口袋的設計。

2.後片有尖褶及雙滾邊口袋的設計。

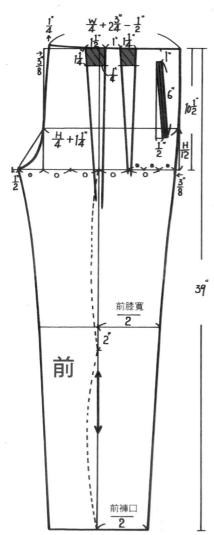

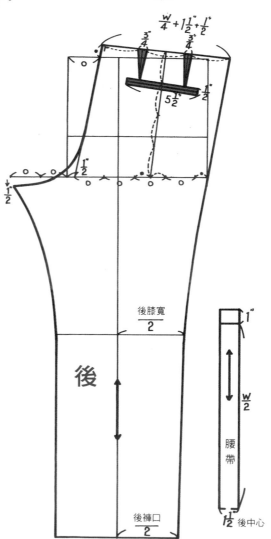

10

製圖尺寸

褲長 39"	前膝寬 9$\frac{1}{2}$"
股上 10$\frac{1}{2}$"	後膝寬 10$\frac{1}{2}$"
股下 28$\frac{1}{2}$"	前褲口 8"
W31"	後褲口 9"
H37"	

長褲（八）

補充說明

1.前片有兩活褶，後片有兩尖褶的設計。

2.腰帶脅邊處有小飾帶，可調整腰圍的鬆緊度。

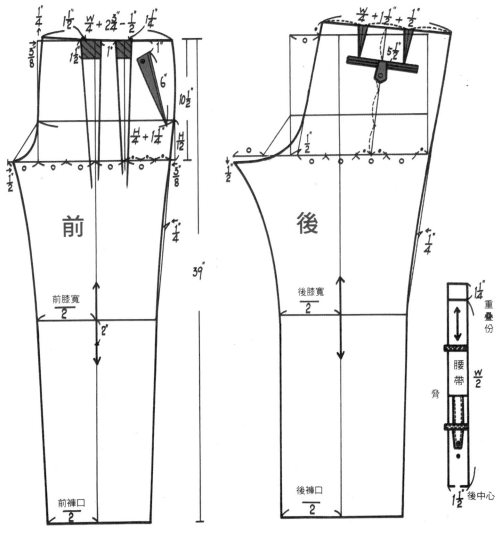

製圖尺寸

褲長 39”	前褲口 8”
股上 11”	後前口 9”
股下 28”	
W31”	
H37”	

長褲（九）

補充說明

1.前片有三個單向褶及口袋的設計。

2.後片有二個尖褶的設計。

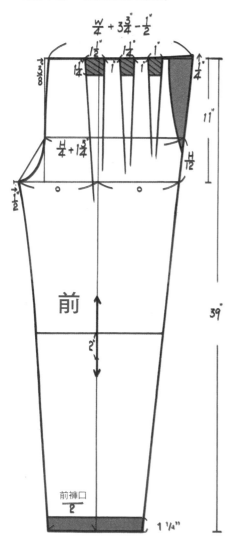

前

$$\frac{W}{4}+3\frac{3}{4}-\frac{1}{2}$$

$$\frac{H}{4}+1\frac{1}{4}$$

11”

$\frac{H}{2}$

2”

39”

前褲口 $\frac{}{2}$

1 1/4”

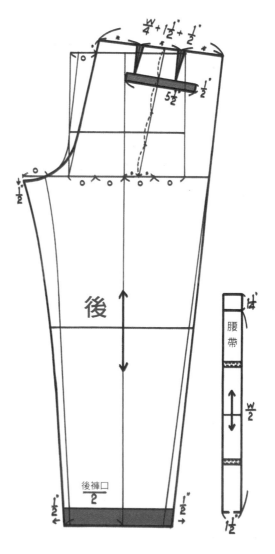

後

$$\frac{W}{4}+1\frac{1}{2}+\frac{1}{2}$$

$\frac{1}{2}$

$5\frac{1}{2}$

後褲口 $\frac{}{2}$

$\frac{1}{2}$

$\frac{1}{2}$

腰帶

$\frac{W}{2}$

$1\frac{1}{2}$

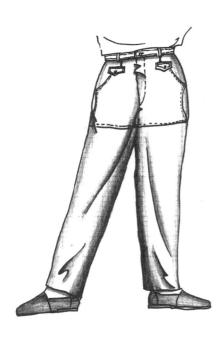

製圖尺寸

褲長 39"	W31"
股上 10½"	H37"
股下 28½"	前褲口 8"
	後褲口 9"

12

長褲（十）

補充說明

1.前片有剪接片的設計。

2.前褲口有小飾帶的設計。

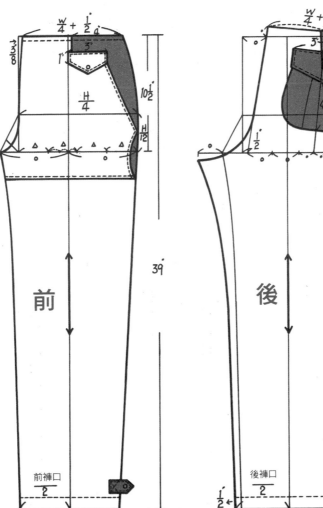

前

39"

前褲口/2

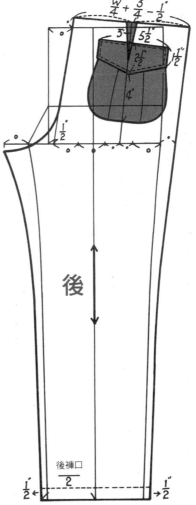

後

後褲口/2

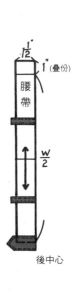

腰帶

後中心

製圖尺寸

褲長 39"	前膝寬 8"
股上 10½"	前膝寬 9"
股下 28½"	
W31"	前褲口 8"
H37"	後褲口 9"

13

牛仔褲

補充說明

1.前後有剪接片的設計。

2.左前口袋內，另有小口袋的設計。

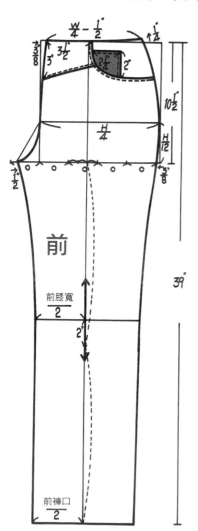

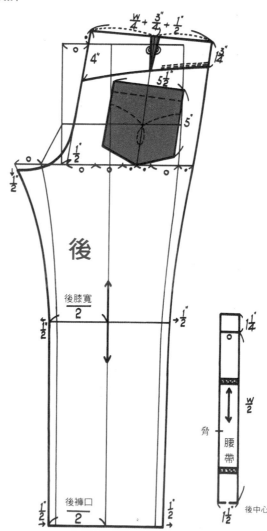

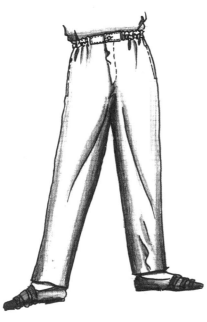

14

製圖尺寸

褲長 39"	前膝寬 8"
股上 10½"	前膝寬 9"
股下 28½"	
腰圍 40"	前褲口 8"
H37"	後褲口 9"

鬆緊帶長褲（一）

補充說明

1. 腰圍車縫鬆緊帶。

2. 後片有貼式口袋的設計。

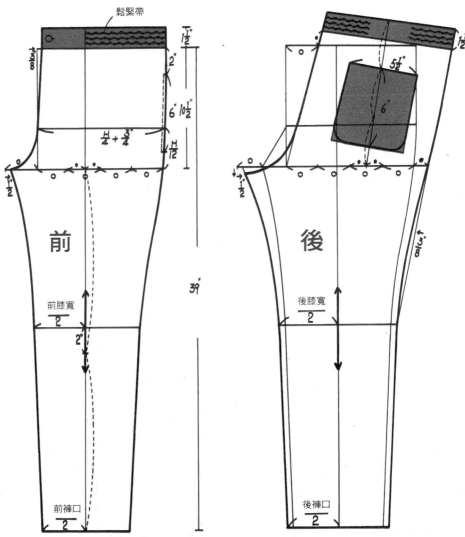

製圖尺寸

褲長 39"	前膝寬 8"
股上 $10\frac{1}{2}$"	前膝寬 9"
股下 $28\frac{1}{2}$"	
腰圍 40"	前褲口 $6\frac{1}{2}$"
H37"	後褲口 $7\frac{1}{2}$"

15

鬆緊帶長褲（二）

補充說明

1.腰圍車縫鬆緊帶。

2.後片有貼式口袋設計。

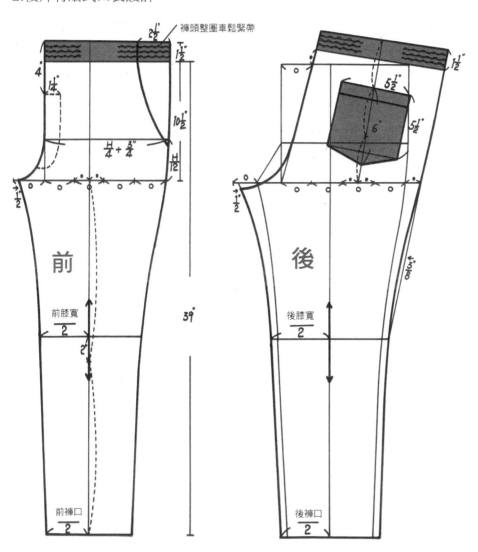

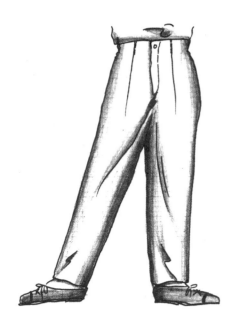

16

製圖尺寸	
W31"	前褲口 8"
H37"	後褲口 9"
褲長 39"	前膝寬 8"
股上 $10\frac{1}{2}$"	前膝寬 9"
股下 $28\frac{1}{2}$"	

高腰寬鬆長褲

補充說明

1.前片有單向褶；後片有尖褶的設計。

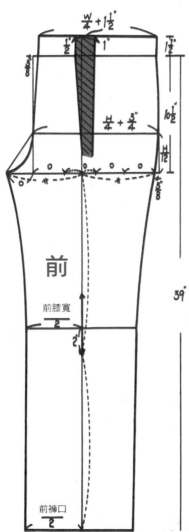

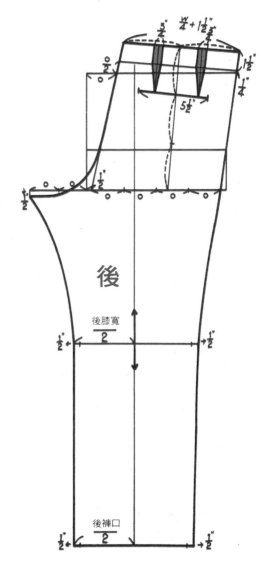

製圖尺寸

褲長 39"	前膝寬 8"
股上 $10\frac{1}{2}$"	後膝寬 9"
股下 $28\frac{1}{2}$"	
W33"	前褲口 7"
H37"	後褲口 8"

肥滿體型打褶西裝褲

補充說明

1. 前中心腰圍處，因有吊帶的設計，故提高 3/4"。
2. 褲口處有布反褶的設計。

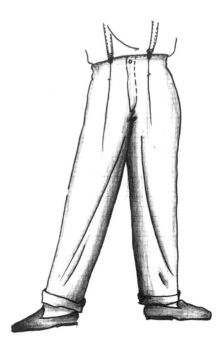

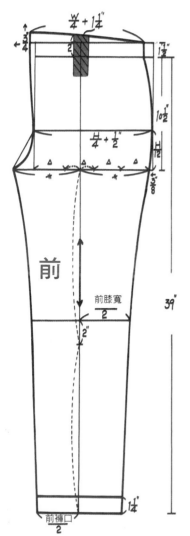

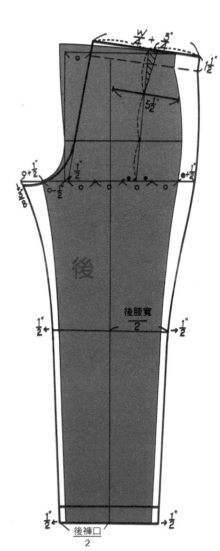

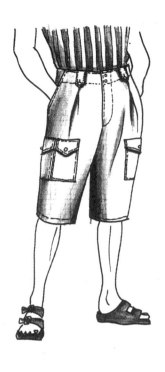

18

製圖尺寸

L24$\frac{1}{2}$"　　　前褲口 9$\frac{1}{2}$"

股上 10$\frac{1}{2}$"　後褲口 10$\frac{1}{2}$"

股下 14"

W31"

H37"

高腰短褲

補充說明

1.前片有袋蓋貼式口袋的設計。

2.前片有對合褶的設計。

3.此為高腰的設計，故不車縫腰帶。

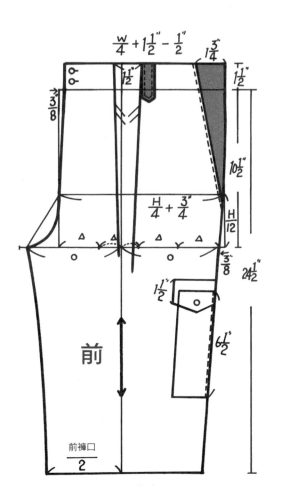

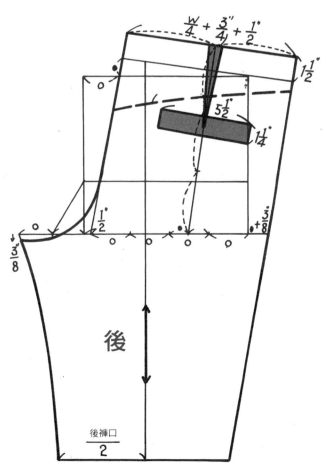

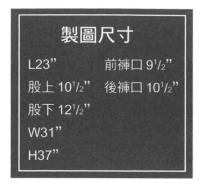

製圖尺寸

L23”	前褲口 9$\frac{1}{2}$”
股上 10$\frac{1}{2}$”	後褲口 10$\frac{1}{2}$”
股下 12$\frac{1}{2}$”	
W31”	
H37”	

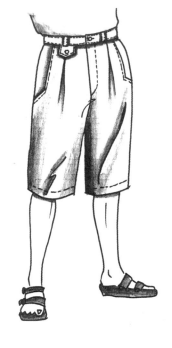

短褲（一）

補充說明

1.前左有裝飾袋蓋及對合褶的設計。

2.後片有尖褶及貼式口袋的設計。

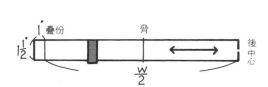

前左裝飾袋蓋

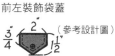

（參考設計圖）

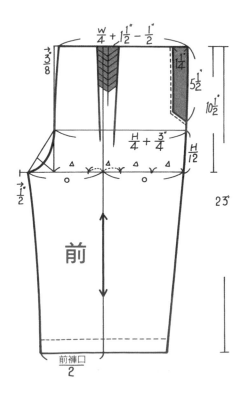

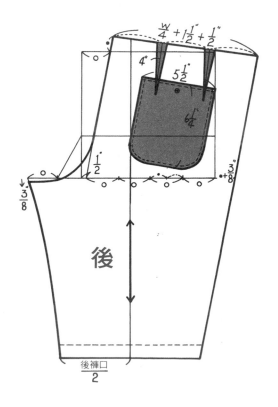

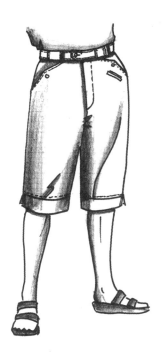

20

製圖尺寸

L23"	前褲口 $9\frac{1}{2}$"
股上 $10\frac{1}{2}$"	後褲口 $10\frac{1}{2}$"
股下 $12\frac{1}{2}$"	
W31"	
H37"	

短褲（二）

補充說明

1.前片有裝飾口袋的設計。

2.褲襬有反褶的設計。

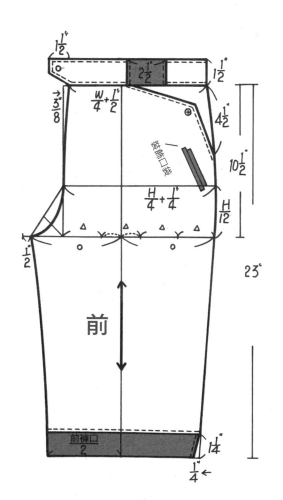

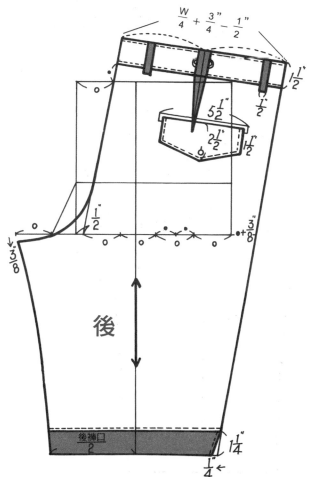

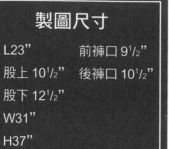

製圖尺寸

L23"	前褲口 9½"
股上 10½"	後褲口 10½"
股下 12½"	
W31"	
H37"	

21

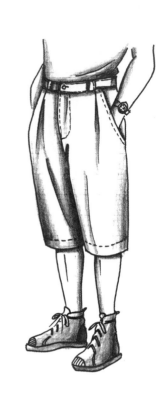

短褲（三）

補充說明

1.後片有裝飾拉鍊及飾帶的設計。

2.腰帶有飾帶可調整腰圍的鬆緊度。

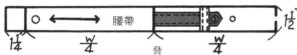

腰帶

$1\frac{1}{4}$　　$\frac{W}{4}$　　脅　　$\frac{W}{4}$　　$1\frac{1}{2}''$

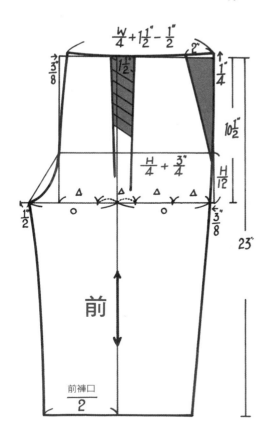

$\frac{W}{4}+1\frac{1}{2}''-\frac{1}{2}''$

$\frac{3}{8}$　　$1\frac{1}{2}''$　　$2''$　　$\frac{1}{4}$

$10\frac{1}{2}''$

$\frac{H}{4}+\frac{3}{4}''$　　$\frac{H}{12}$

$1\frac{1}{2}''$　　$\frac{3}{8}$

23"

前

$\frac{前褲口}{2}$

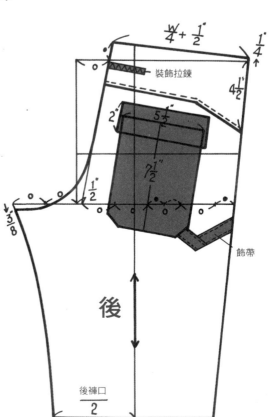

$\frac{W}{4}+\frac{1}{2}''$　　$\frac{1}{4}''$

裝飾拉鍊

$4\frac{1}{2}''$

$2''$　　$5\frac{1}{2}''$

$1''$　　$2\frac{1}{2}''$

$\frac{3}{8}$

後

飾帶

$\frac{後褲口}{2}$

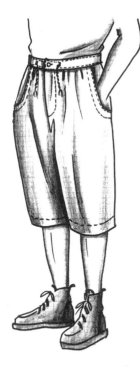

22

製圖尺寸

L23"	前褲口 9½"
股上 10½"	後褲口 10½"
股下 12½"	
W31"	
H37"	

短褲（四）

補充說明

1.前片有抽細褶的設計。

2.後片口袋處有飾帶的設計。

3.腰帶處穿繫繩子，可調整腰圍的鬆緊度。

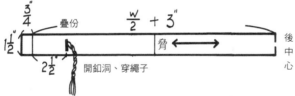

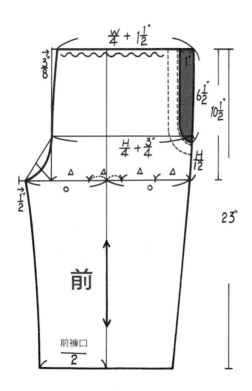

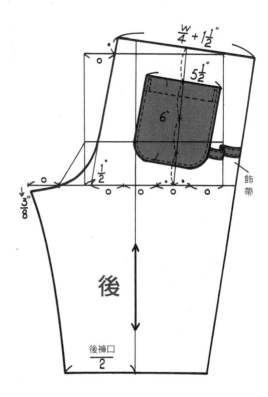

製圖尺寸

褲長 23"　　前褲口 9$\frac{1}{2}$"

股上 10$\frac{1}{2}$"　後褲口 10$\frac{1}{2}$"

股下 12$\frac{1}{2}$"

W31"

H37"

23

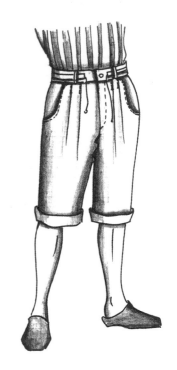

短褲（五）

補充說明

1.前片有單向活褶的設計。

2.褲襬處有反褶的設計。

3.腰帶內有穿繫細繩，可調整腰圍的鬆緊度。

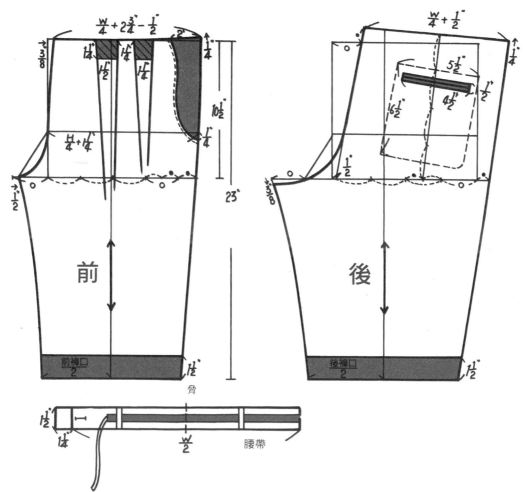

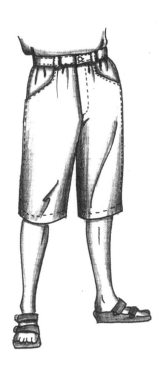

24

製圖尺寸

L23"　　　前褲口 9½"
股上 10½"　後褲口 10½"
股下 12½"
W31"
H37"

短褲（六）

補充說明

1.腰圍抽細褶，再車縫腰帶。

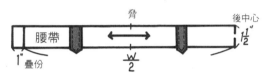

脅　　　　　　後中心
腰帶　　←→　　　　1½"
1"疊份　　$\frac{W}{2}$

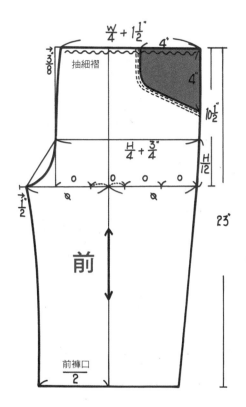

$\frac{W}{4}+1\frac{1}{2}"$

$\frac{3}{8}$
抽細褶　　4"
　　　　4"
　　　　10½"
$\frac{H}{4}+\frac{3}{4}"$　$\frac{H}{12}$
1½"
前　　　23"

前褲口
$\frac{}{2}$

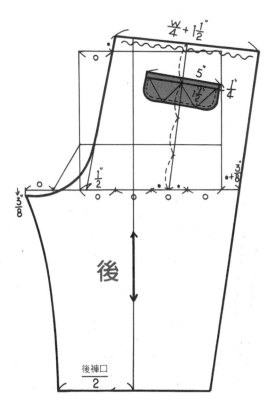

$\frac{W}{4}+1\frac{1}{2}"$

5"
1½"　4"
1½"　+$\frac{3}{8}$
$\frac{3}{8}$
後

後褲口
$\frac{}{2}$

製圖尺寸

褲長 20"　　前褲口 9½"
股上 10½"　後褲口 10½"
股下 9½"
W31"
H37"

25

短褲（七）

補充說明

1.前片褲襬，股下線處有剪接片的設計。
2.脅邊處有袋蓋貼式口袋的設計。

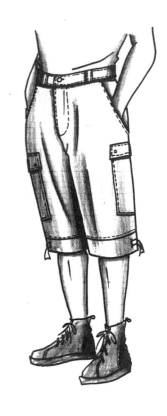

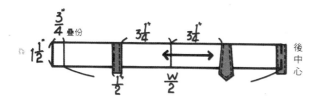

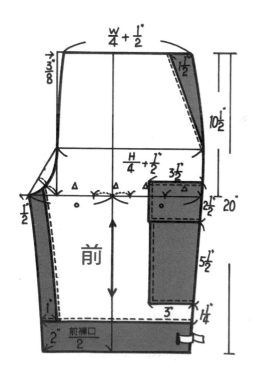

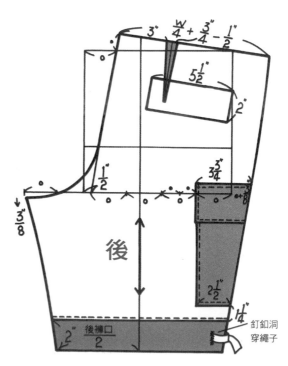

第二章

● 男裝上衣

裝上衣
衣
裝上衣
男裝上衣

製圖尺寸

B40"　　肩寬 18"
L27"

26

上衣（一）

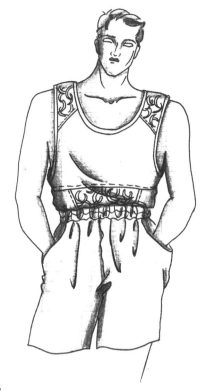

補充說明

1.前後片原型領畫法請參照男子服原型。

2.男性的胸部較不突出，前垂份 1" 即可。

3.領口、袖襱需滾邊處理。

4.前中心為布摺雙的設計。

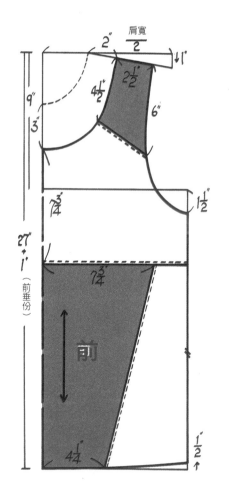

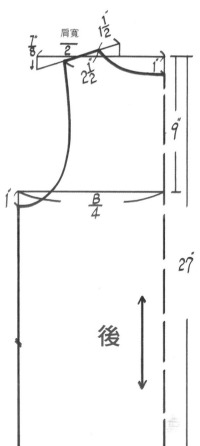

27

製圖尺寸

B40"　　肩寬 18"

L29"　　袖長 9"

袖口 13"

上衣（二）

補充說明

1.肩處有夾入滾邊布的設計。

2.前後片原型領圍畫法請參照男子服原型。

3.男性胸部較不突出前垂份 1" 即可。

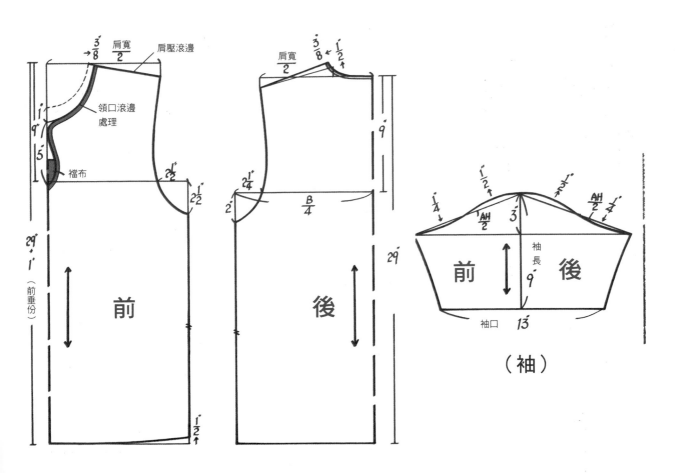

肩壓滾邊

領口滾邊處理

檔布

前

後

（袖）

前　後

袖長 9"

袖口 13"

製圖尺寸

B44"　　　L29"
肩寬 18"　　袖長 23$\frac{1}{2}$"
袖口 10"

28

上衣（三）

補充說明

1. 此件為拉克蘭袖的設計。

2. 前後片原型領圍畫法請參照男子服原型。

3. 男性胸部較不突出前垂份 1" 即可。

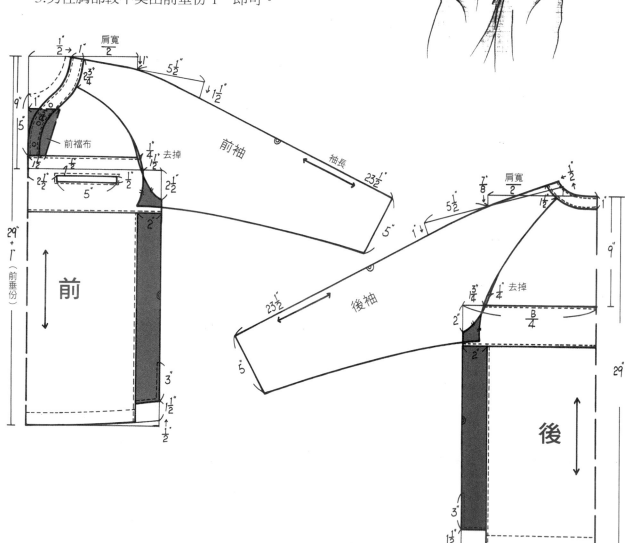

29

製圖尺寸	
B48"	肩寬 18"
L30"	袖長 23"

針織上衣

補充說明

1.領子的布料，採用針織布。

2.前後片原型畫法請參照男子服原型

3.男性的胸部較不突出，前垂份 1"即可。

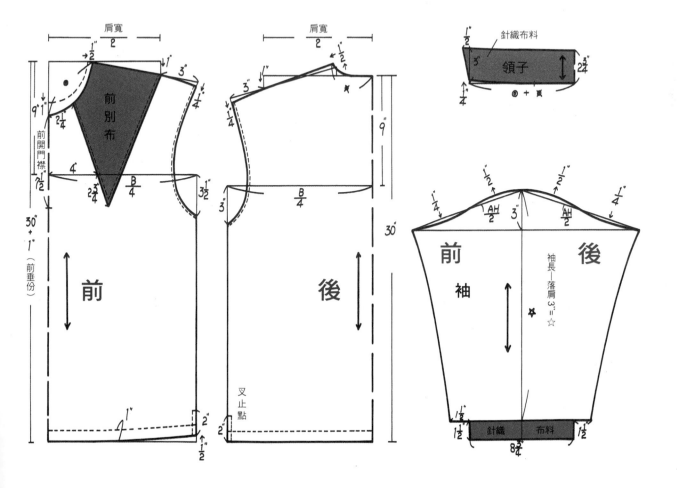

製圖尺寸

B44"　　　L29"

肩寬 18"　　袖長 23½"

袖口 11"

30

針織運動衫

補充說明

1.前後片領圍畫法，請參照男子服原型。

2.男性胸部較不突出前垂份 1" 即可。

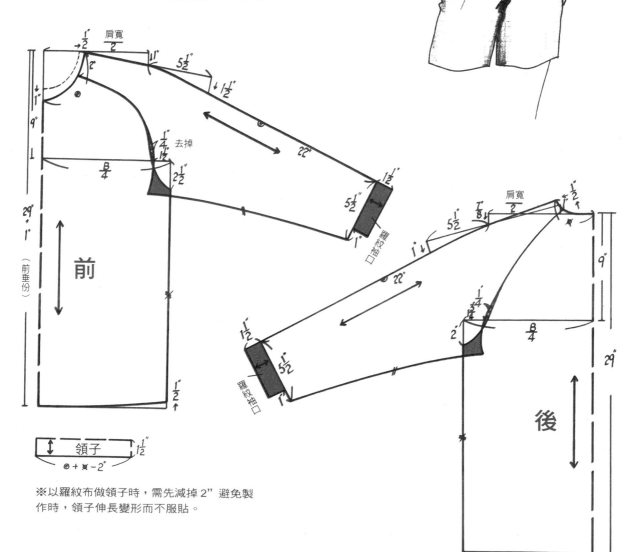

領子　1½"

◎ + ⋈ − 2"

※以羅紋布做領子時，需先減掉 2" 避免製
作時，領子伸長變形而不服貼。

31

製圖尺寸
B46"　　肩寬 18"
L29"　　袖長 23½"

休閒服上衣

補充說明

1.前片及袖中心處有貼布的設計。

2.前中心為開拉鍊的設計。

3.前後片原型領圍畫法，請參照男子服原型。

4.男性胸部較不突出，前垂份 1" 即可。

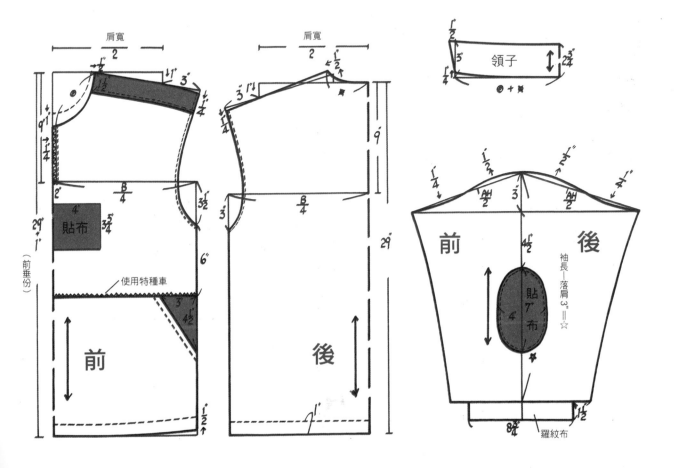

製圖尺寸

B44"　　　L29"
肩寬 17"　　袖長 10"

32

無領襯衫

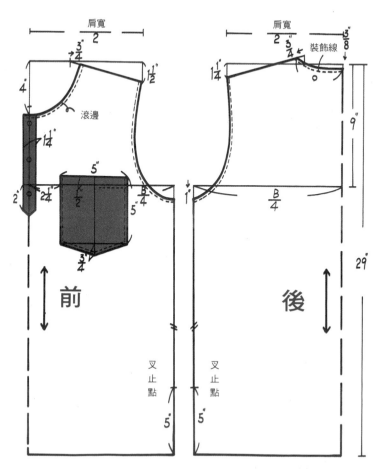

前

後

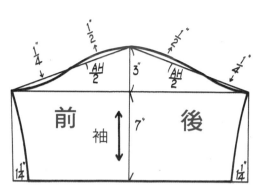

前　袖　後

33

製圖尺寸

B42"　　肩寬 17"

L30"　　袖長 11"

袖口 13"

立領襯衫

補充說明

1.此件為前短後長的款式設計。

2.前、後原型領圍畫法請參照男子服原型。

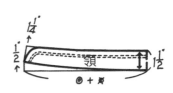

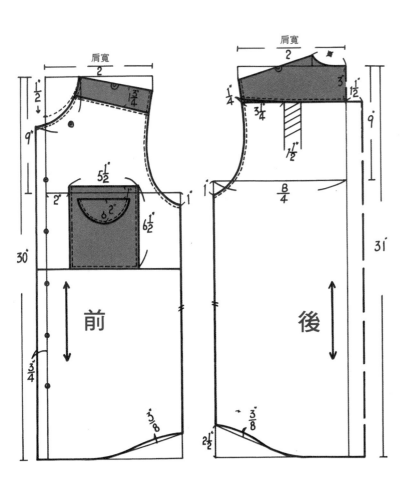

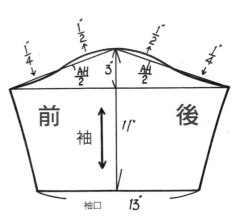

製圖尺寸

B46"　　　L29"

肩寬18"　　袖長23¹/₂"

34

無領台襯衫（一）

補充說明

1.腰帶的帶子，可調整衣襬的寬窄度。

2.前後片原型領圍請參照男子服原型。

3.男性的胸部較不突出，前垂份 1" 即可。

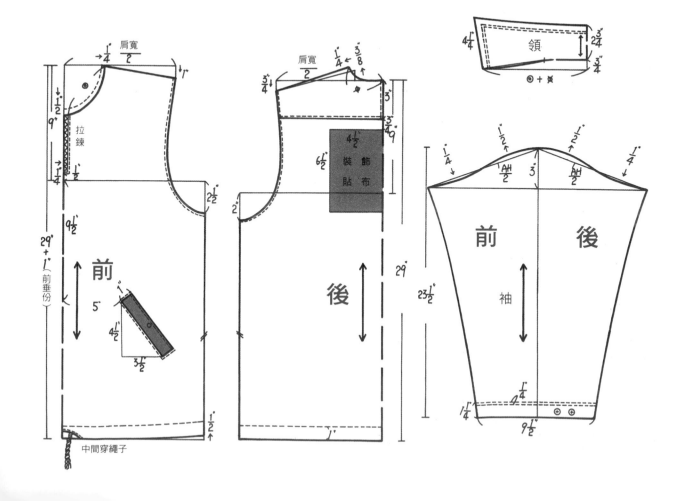

製圖尺寸

B42"　　肩寬 17"

L30"　　袖長 23"

袖口 9 1/2"

35

無領台襯衫（二）

補充說明

1.此件款式為前短後長的衣身設計。

2.前後片原型領圍畫法請參照男子服原型。

3.前胸有貼式口袋的設計。

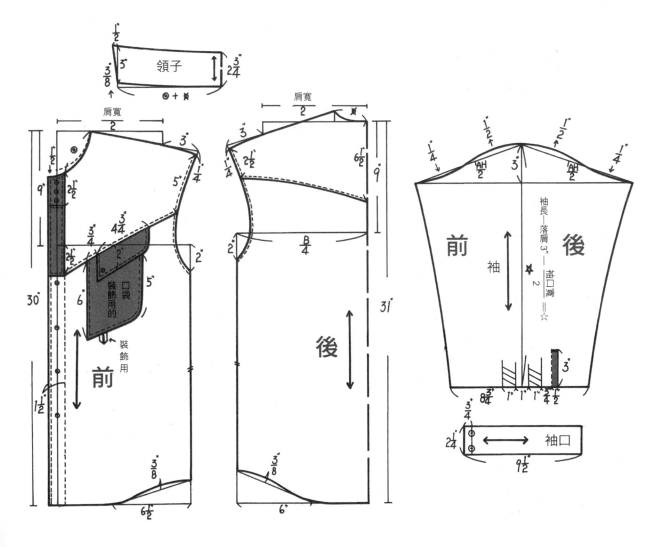

製圖尺寸

B42"　　　L30"

肩寬 17"　　袖長 23½"

36

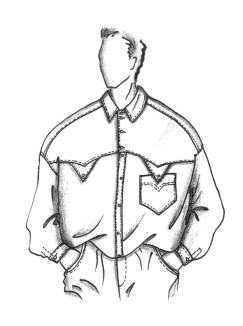

無領台襯衫（三）

補充說明

1.前左胸片有貼式口袋的設計。

2.前後片原型領圍畫法請參照男子服原型。

3.此件款式為前短後長的衣身設計。

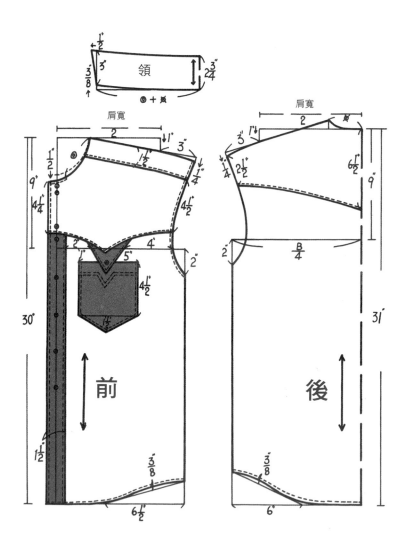

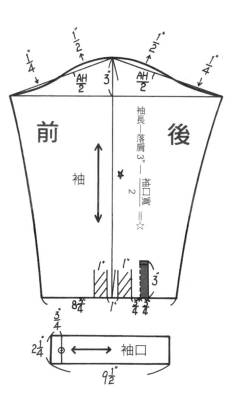

37

製圖尺寸	
B42"	肩寬 17"
L30"	袖長 23½"

無領台襯衫（四）

補充說明

1.此件為前短後長的款式設計。

2.前後片原型領圍畫法請參照男子服原型。

3.領子及胸前布有配布設計。

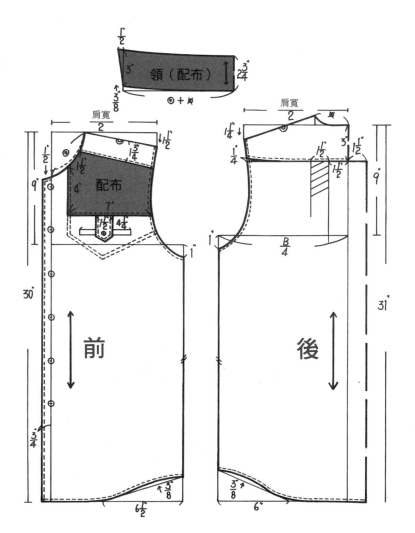

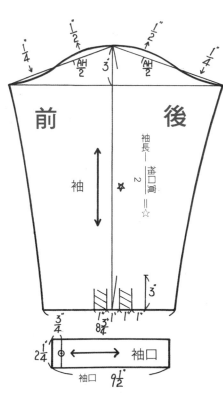

製圖尺寸

B44"　　L30"
肩寬 17"　袖長 23"
袖口 9$\frac{1}{2}$"

38

無領台襯衫（五）

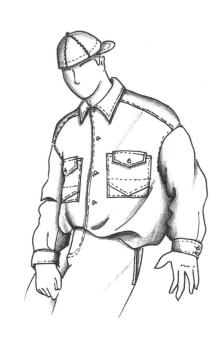

補充說明

1. 前後片領圍請參照男子服原型。
2. 胸前有兩個貼式口袋設計，肩處前後片紙型合併後，
　再裁布料。

領

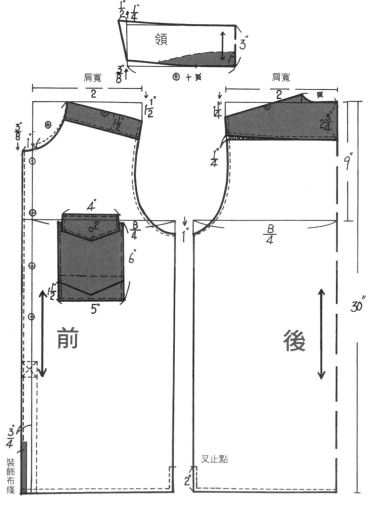

前　　後

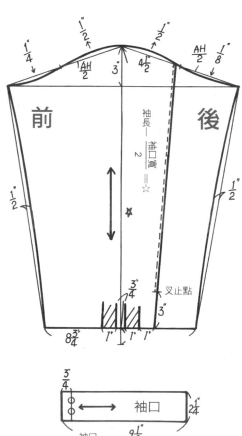

前　　後

袖口　9$\frac{1}{2}$"

39

製圖尺寸	
B44"	肩寬 17"
L30"	袖長 23"

無領台襯衫（六）

補充說明

1.前後片原型領圍畫法請參照男子服原型。

2.胸前有車縫裝飾線及袋蓋設計。

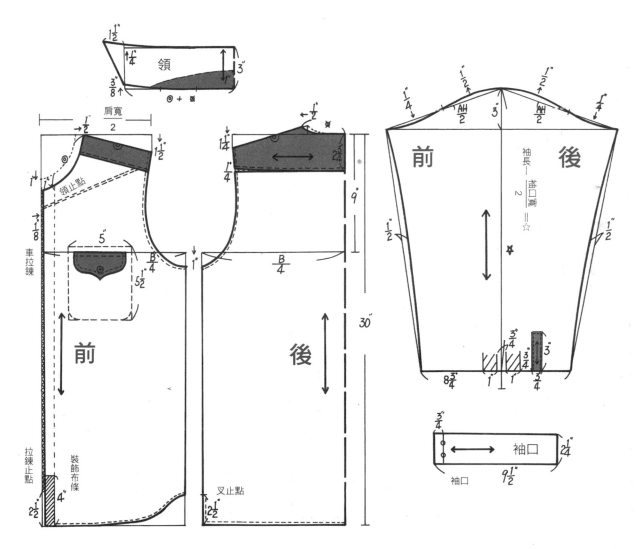

製圖尺寸
B42"　　　L30"
肩寬 17"　　袖長 10"

40

無領台襯衫（七）

補充說明

1.左胸前有一貼式口袋的設計。

2.前後片原型領圍畫法請參照男子服原型。

3.肩處前後片紙型需先合併後，再裁剪布料。

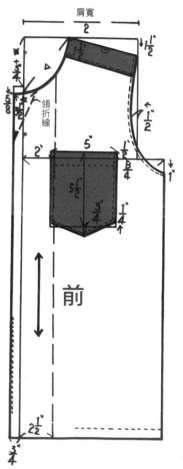

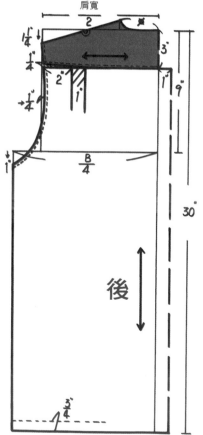

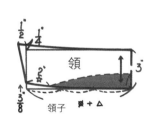

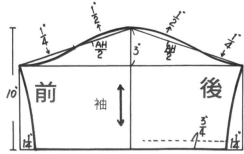

41

製圖尺寸

B42"　　　肩寬 17"

L30"　　　袖長 23$\frac{1}{2}$"

無領台襯衫（八）

補充說明

1.前領尖處有別布的設計，肩襠布、口袋及前插片可作配色。

2.前後片領圍畫法請參照男子服原型。

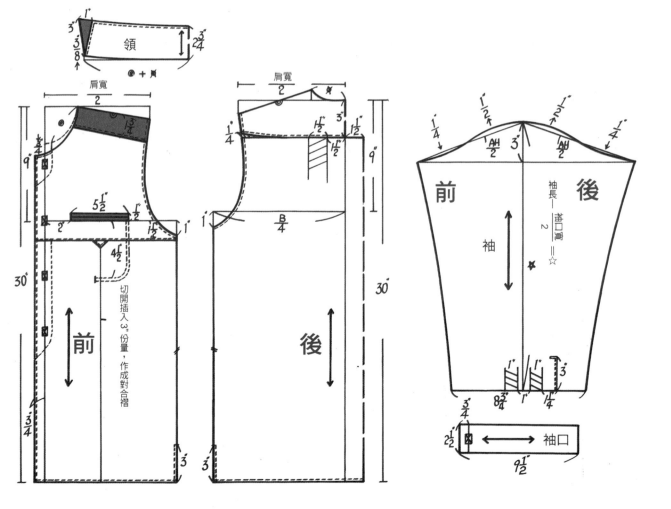

製圖尺寸

B44"　　L30"
肩寬 17"　　袖長 23"

42

有領台襯衫（一）

補充說明

1.左前胸有一貼式口袋的設計。

2.前後片原型領圍畫法請參考男子服原型。

3.肩處前後片紙型需先合併，再裁剪布料。

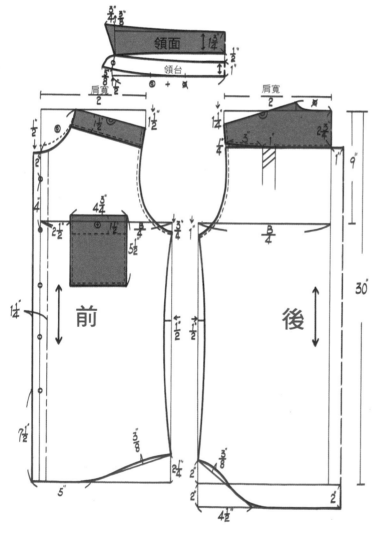

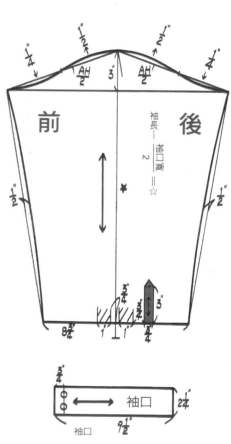

43

製圖尺寸

B44"　　肩寬 17"

L30"　　袖長 23"

有領台襯衫（二）

補充說明

1.此件為前短後長的款式設計。

2.前後片原型領圍畫法，請參照男子服原型。

3.肩處前後片紙型需先合併，再裁剪布料。

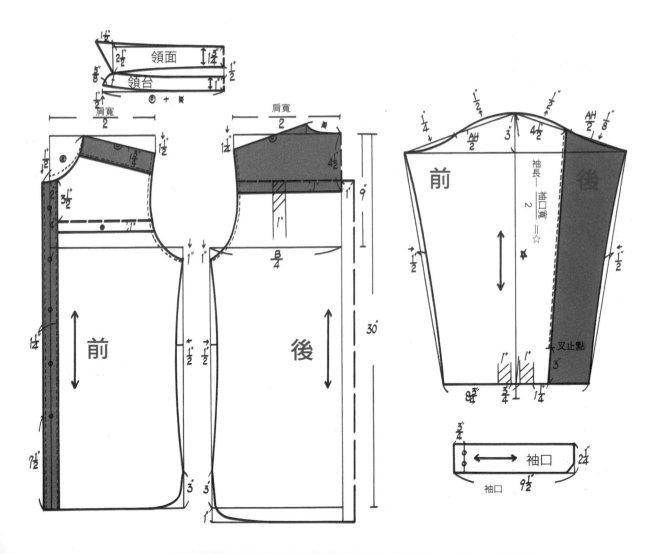

製圖尺寸

B44”　　　L30”

肩寬 17”　　袖長 23”

袖口 9$\frac{1}{2}$”

44

有領台襯衫（三）

補充說明

1.前後片原型領圍畫法，請參照男子服原型。

2.胸前有二個貼式口袋的設計，肩線處前後紙型合

　併後再裁布料。

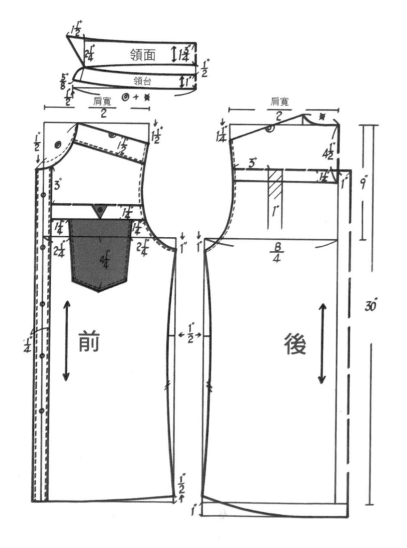

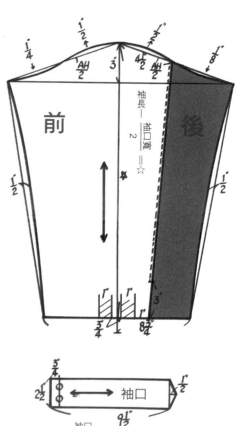

45

製圖尺寸

B44"	肩寬 17"
L30"	袖長 23"

有領台襯衫（四）

補充說明

1. 此件款式為前短後長的衣身設計。

2. 前後片的原型領圍畫法請參照男子服原型。

3. 前胸有剪接片的變化設計。

4. 肩處前後片紙型需先合併，再裁剪布料。

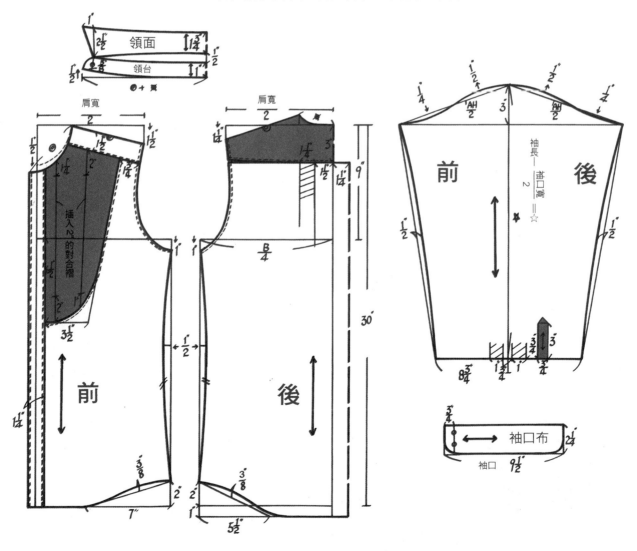

製圖尺寸

B42"　　　L30"
肩寬 17"　　袖長 23"

46

有領台襯衫（五）

補充說明

1.前後片原型領圍畫法，請參照男子服原型。

2.此件款式為前短後長的衣身設計。

3.胸前有二個貼式口袋設計，肩處前後紙型合併後，再裁剪布料。

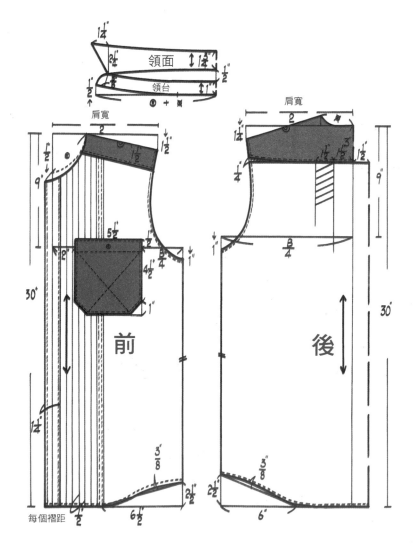

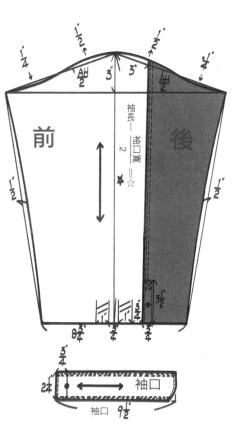

47

有領台襯衫（六）

補充說明

1.前後原型領圍畫法請參照男子服原型。

2.此件款式為前短後長及胸前有開口袋的設計。

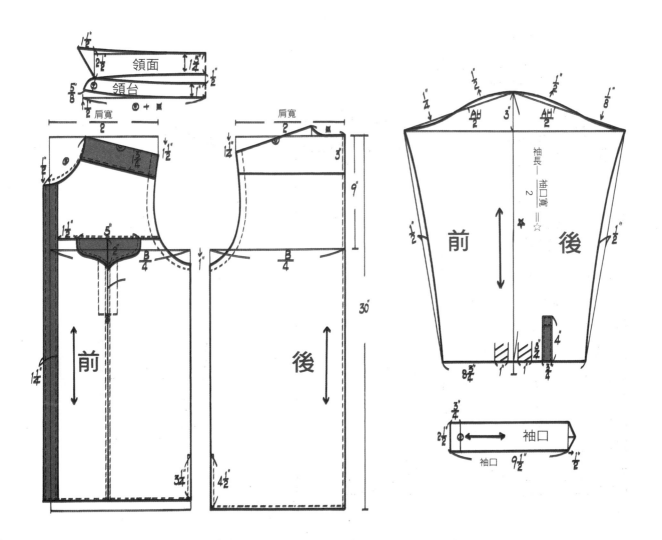

製圖尺寸

B42"　　　L30"
肩寬 17"　　袖長 23"

48

有領台襯衫（七）

補充說明

1. 前片有兩個口袋設計，肩處前後片紙型需先合併，
　 再裁剪布料。

2. 此件為前短後長的款式設計。

3. 前後片原型領圍畫法請參照男子服原型。

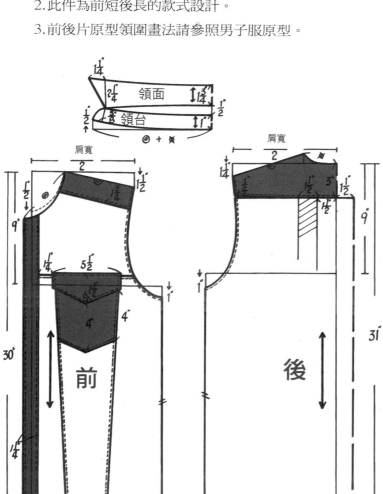

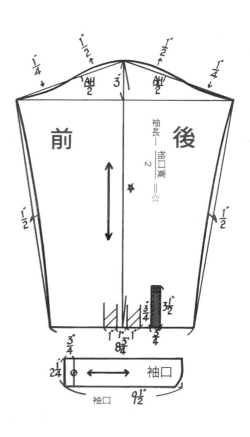

49

製圖尺寸

B42"　　肩寬 17"

L30"　　袖長 23"

有領台襯衫（八）

補充說明

1.前後片原型領圍畫法，請參照男子服原型。

2.此件為前短後長的設計。

3.胸前有二個直式的雙滾邊口袋設計。

4.前後肩線處紙型合併再裁剪布料。

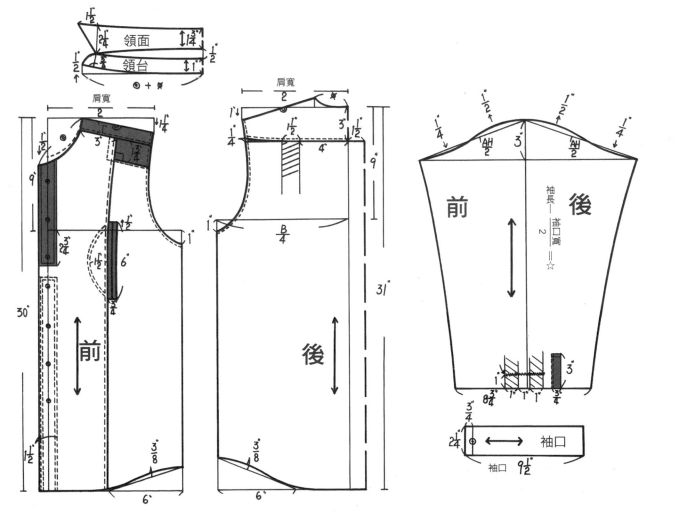

製圖尺寸

B46"　　　　L28"

肩寬 18"　　袖長 23½"

有領台襯衫（九）

補充說明

1.衣襬有穿繩的設計，可隨意調整鬆緊穿著。

2.前後片原型領圍畫法，請參照男子服原型。

3.男性的胸部較不突出，前垂份 1" 即可。

4.前中有裝飾織帶的設計。

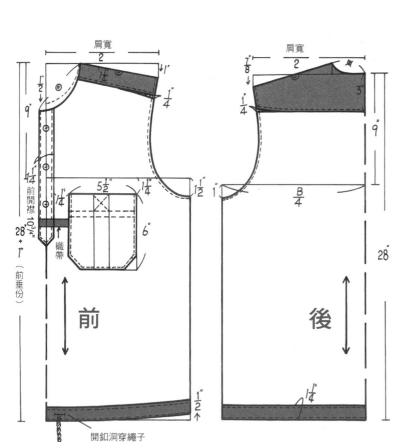

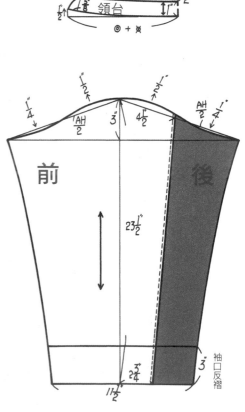

51

製圖尺寸

B42"　　　肩寬 17"

L30"　　　袖長 23"

有領台襯衫（十）

補充說明

1. 此件款式為前短後長的衣身設計。

2. 前後原型領圍尺寸請參照男子服原型。

3. 肩處前後片紙型需先合併，再裁剪布料。

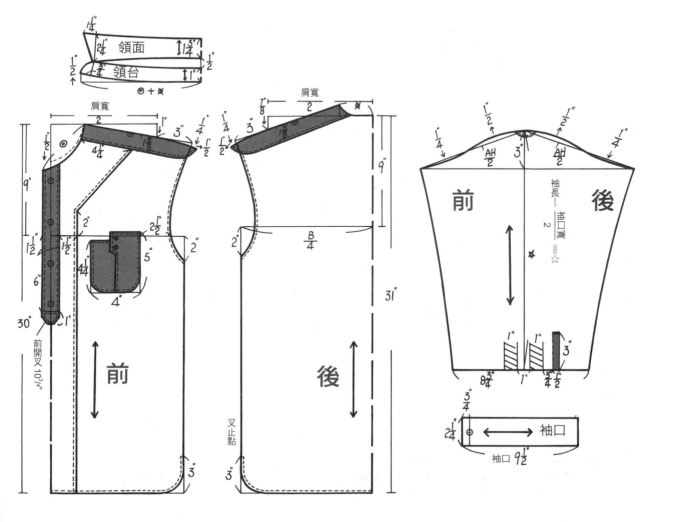

製圖尺寸

B46"　　　L28"

肩寬 18"　　袖長 23½"

52

羅紋領襯衫

補充說明

1.領子及衣襬使用羅紋布料。

2.前後片原型領圍畫法請參照男子服原型。

3.男性胸部較不突出,前垂份 1" 即可。

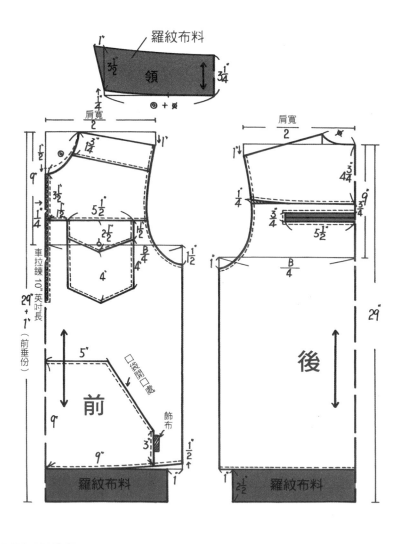

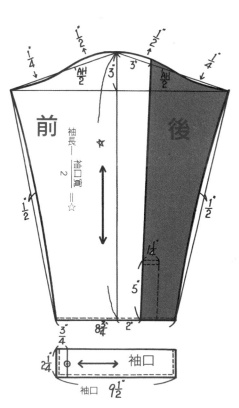

第三章

● 男裝外套

製圖尺寸

B48"　　　　L29"
肩寬 18"　　袖長 23$\frac{1}{2}$"
袖口 12"

53

立領外套（一）

補充說明

1. 左前襟有襠布的設計。

2. 前袖有剪接的設計。

3. 前後原型的領圍的畫法請參照男子服原型。

4. 男性胸部較不突出，前垂份 1" 即可。

5. 後片有裝飾活褶的處理。

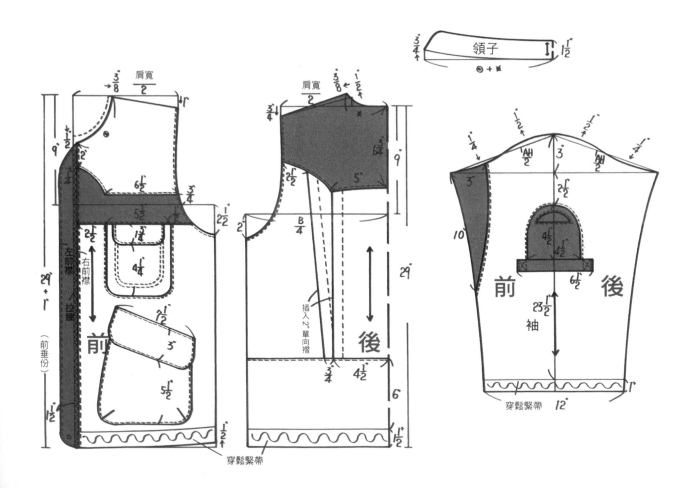

54

製圖尺寸
B48"　　肩寬 18"
袖口 12"　袖長 23¹/₂"

立領外套（二）

補充說明

1.肩端處與袖子中心處有紙型合併的設計。

2.領後中心及前領端有剪接片設計。

3.前後原型領圍畫法請參見男子服原型。

4.男性胸部較不突出，前垂份 1" 即可。

領子（羅紋）

※羅紋布因有彈性，故領圍可減少 2"
可更貼近脖子。

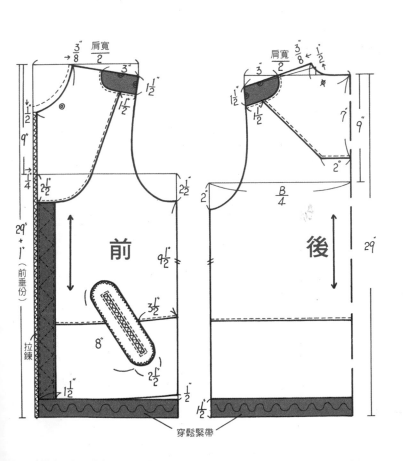

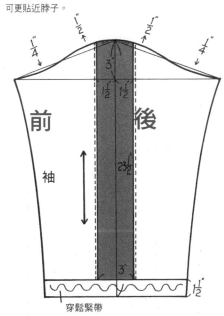

製圖尺寸

B46"　　　　L29"
肩寬 18"　　袖長 23¹/₂"

55

襯衫領外套（一）

補充說明

1. 前後片原型領圍畫法請參照男子服原型。

2. 男性的胸部較不突出，前垂份 1" 即可。

3. 此件為落肩袖的款式設計，肩處前後片紙型需先
　合併，再裁剪布料。

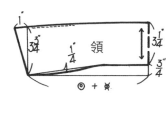

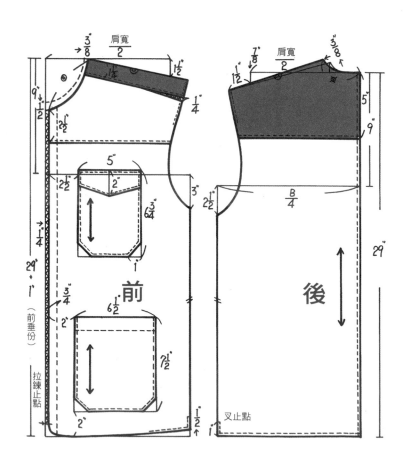

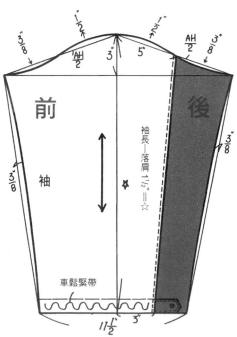

56

製圖尺寸

B48"　　肩寬 18"
L29"　　袖長 23½"

襯衫領外套（二）

補充說明

1.前後片原型領圍畫法，請參照男子服原型。

2.男性的胸部較不突出，前垂份 1"即可。

3.袖中心線處有貼式口袋設計。

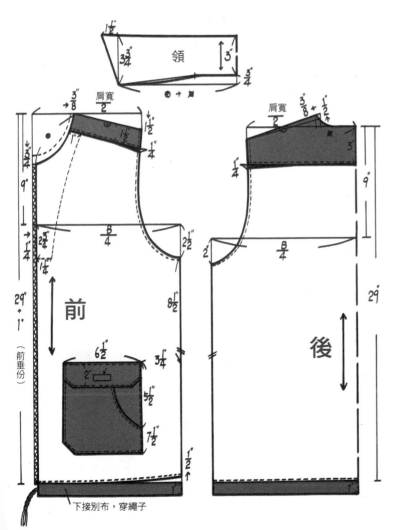

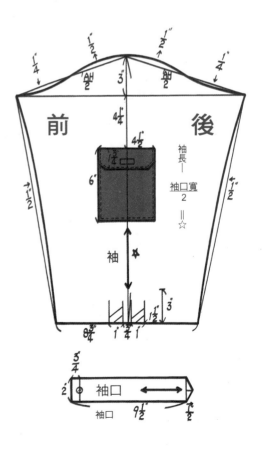

下接別布，穿繩子

製圖尺寸

B48"　　　L30"
肩寬 18"　　袖長 24"

57

襯衫領外套（三）

補充說明

1.前後片原型領圍畫法請參照男子服原型。

2.男性的胸部較不突出，前垂份 1" 即可。

3.前片有許多剪接片的設計。肩處前後片紙型需先
　合併，再裁剪布料。

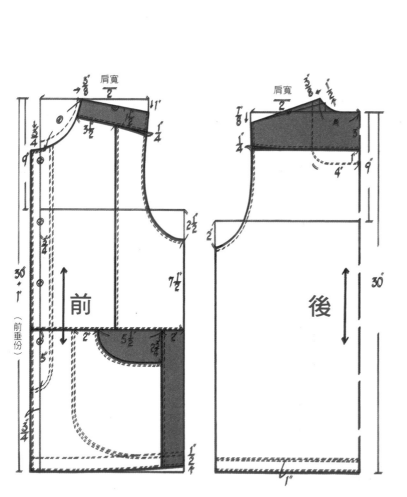

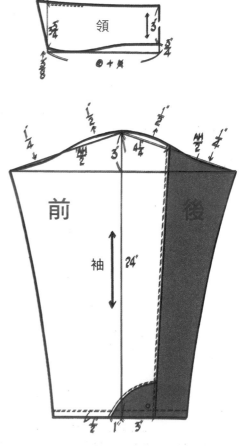

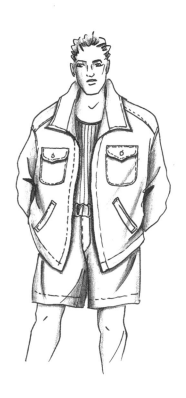

58

製圖尺寸	
B46"	肩寬 18"
L29"	袖長 23½"
袖口 11"	

襯衫領外套（四）

補充說明

1. 男性胸部較不突出，前垂份 1" 即可。

2. 前後片原型領圍畫法請參照男子服原型。

3. 前片有貼式口袋及立式口袋的設計。

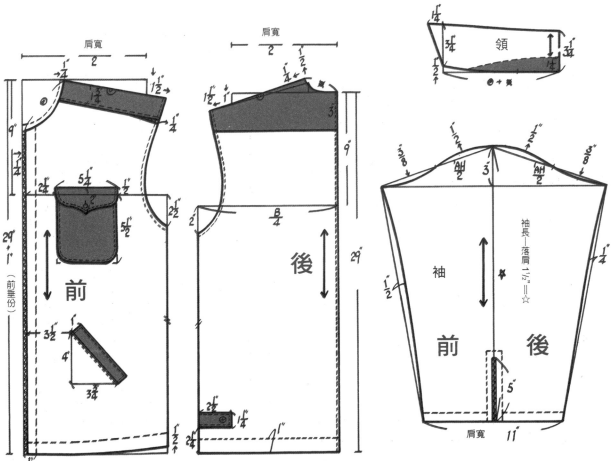

製圖尺寸

B48"　　L30"
肩寬 18"　袖長 23½"

59

襯衫領外套（五）

補充說明

1. 此件在前胸，袖口處有別布的設計。
2. 前後原型領圍畫法請參照男子服原型。
3. 男性胸部較不突出，前垂份 1" 即可。
4. 此件為落肩袖的設計。

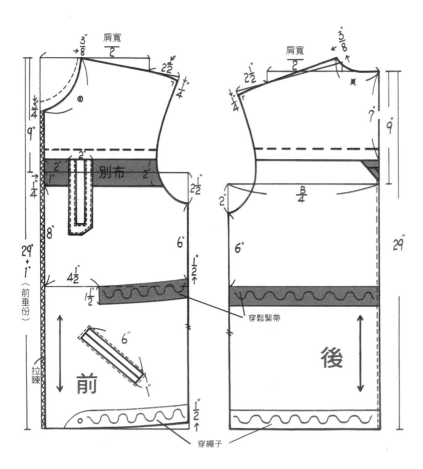

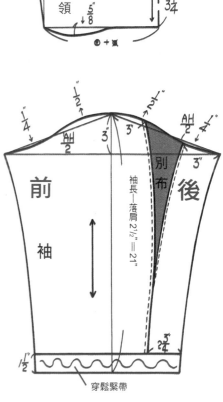

60

製圖尺寸	
B48"	肩寬 18"
L29"	袖長 23½"
袖口 10"	

襯衫領外套（六）

補充說明

1. 前片葫蘆形接縫片，採滾邊的設計。

2. 前後原型領圍畫法請參照男子服原型。

3. 男性胸部較不突出，前垂份 1" 即可。

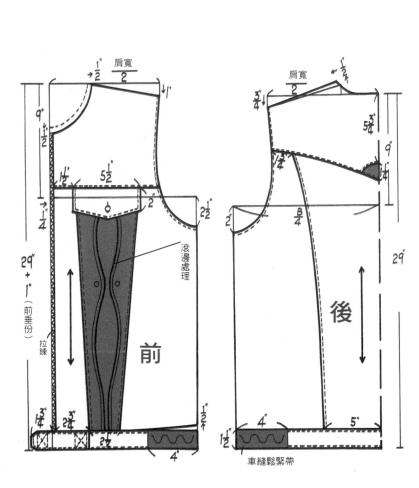

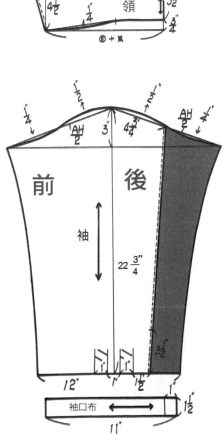

製圖尺寸

B48"   L29"

肩寬 18"   袖長 23½"

袖口 12"

襯衫領外套（七）

補充說明

1. 此件身片後中心有哈口褶的設計，可增添活動量。

2. 前後片肩襠布紙型合併，再裁剪布料。

3. 前片葫蘆形狀的剪貼片，可採與身片不同顏色或質料的設計。

4. 前後片原型領圍畫法，請參見男子服原型。

5. 男性胸部較不突出，前垂份 1" 即可。

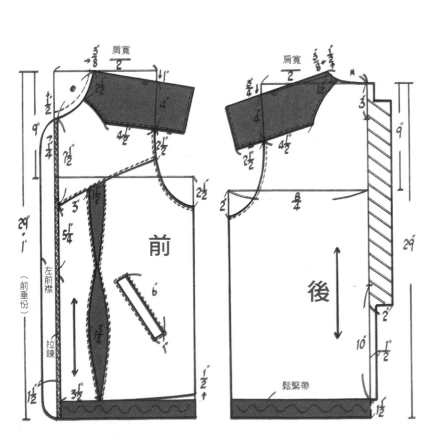

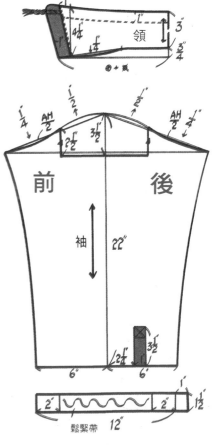

62

製圖尺寸

B48"　　　肩寬 18"

L29"　　　袖長 23½"

袖口 10"

襯衫領外套（八）

補充說明

1.前後片原型領圍畫法請參照男子服原型。

2.男性的胸部較不突出，前垂份 1" 即可。

3.領子有包邊，肩處有肩章的設計。

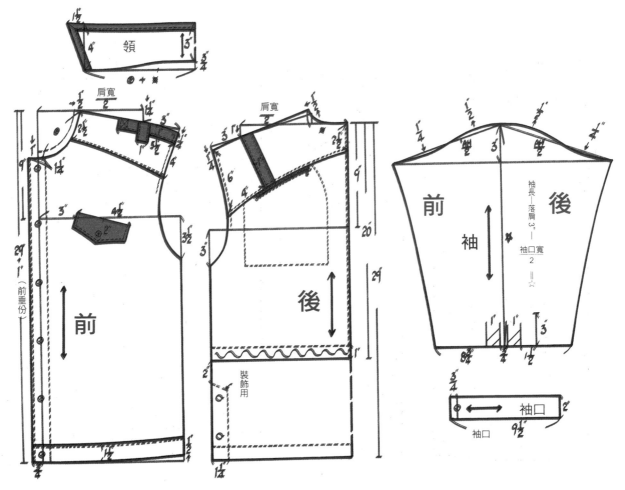

製圖尺寸

B48" L32"
肩寬 18" 袖24"

63

羅紋領外套（一）

補充說明

1.釦眼上有飾布的設計。

2.後脅邊的帶，可調整腰圍的鬆緊度。

3.肩處前後片紙型先需合併，再裁剪布料。

4.前後片原型領圍畫法，請參照男子服原型。

5.男性胸部較不突出，前垂份 1" 即可。

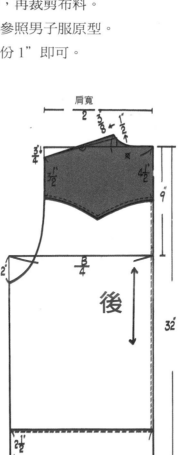

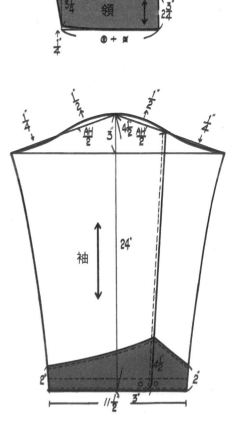

64

製圖尺寸

B48"	肩寬 18"
L29"	袖長 23½"
袖口 10"	

羅紋領外套（二）

補充說明

1. 脅邊處車縫飾帶，可調整腰圍的鬆緊度。

2. 前後片原型領圍畫法請參照男子服原型。

3. 男性的胸部較不突出，前垂份 1" 即可。

羅紋布料

領 2"

◎ ＋ ⊠

※羅紋領比實際領圍少 1"

脅邊飾帶

3" 1¼

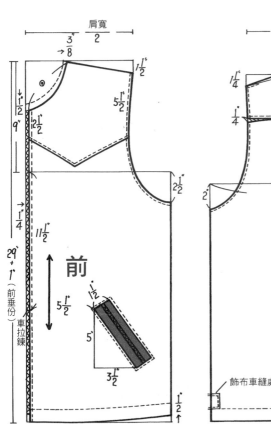

前

車拉鍊

29"＋1"（前垂份）

飾布車縫處

後

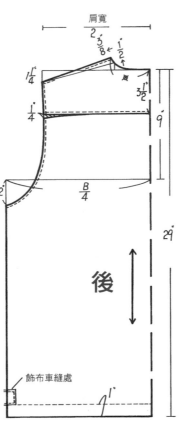

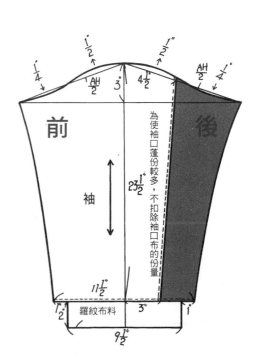

前 後

袖

為使袖口蓬份較多，不扣除袖口布的份量

23½"

羅紋布料

製圖尺寸

B46"	L29"
肩寬 18"	袖長 23½"

65

羅紋領外套（三）

補充說明

1. 領片布料採用羅紋布。

2. 肩處前後片紙型需先合併，再裁剪布料。

3. 前後片原型領圍畫法請參照男子服原型。

4. 男性的胸部較不突出，前垂份 1" 即可。

羅紋領

←1"　　↕2"

◎ + ✕

※羅紋領片要比實際領圍小 1"

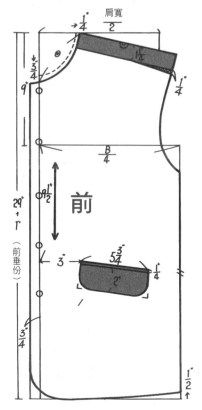

前

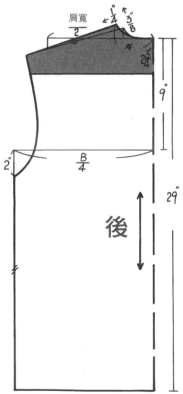

後

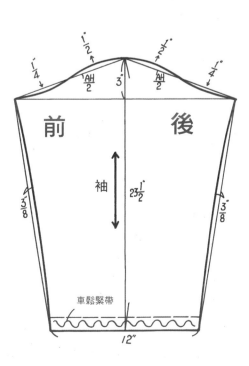

前　後

袖

23½"

車鬆緊帶

12"

66

製圖尺寸

| B48" | 肩寬 18" |
| L29" | 袖長 23½" |

V 型領外套

補充說明

1.前後片原型領圍畫法請參照男子服原型。

2.男性的胸部較不突出，前垂份 1" 即可。

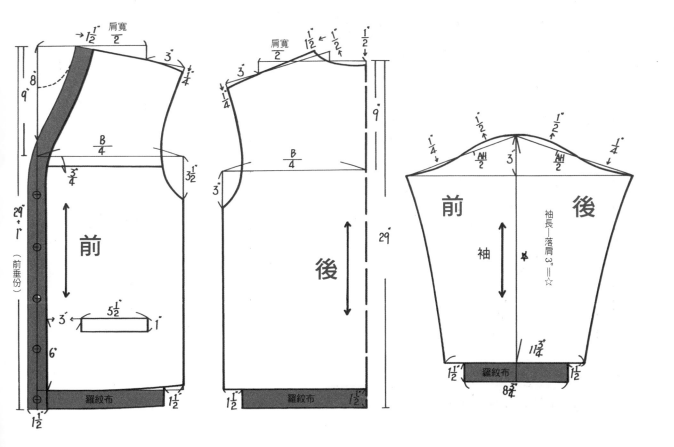

製圖尺寸

B48"　　　L29"
肩寬 18"　　袖長 23½"
袖口 10"

67

有帽式外套（一）

補充說明

1. 此件為有帽飾及落肩袖的款式設計。

2. 前後片原型領圍畫法請參照男子服原型。

3. 男性胸部較不突出，前垂份 1" 即可。

4. 前後片腰圍處有羅紋的設計。

5. 前後片剪接處可搭配不同顏色的變化設計。

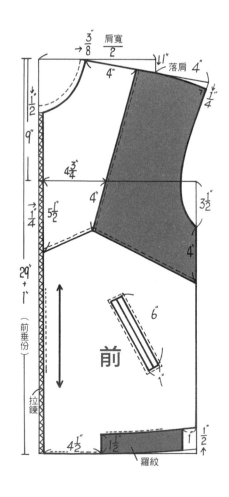

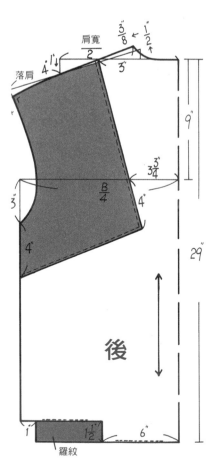

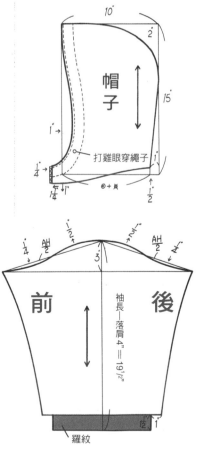

68

有帽式外套（二）

補充說明

1. 此件為有帽飾的設計。

2. 在身片肩處及袖山處有紙型合併的設計。

3. 袖口及身片下襬車縫鬆緊帶。

4. 前後片原型領圍畫法請參照男子服原型。

5. 男性胸部較不突出，前垂份 1" 即可。

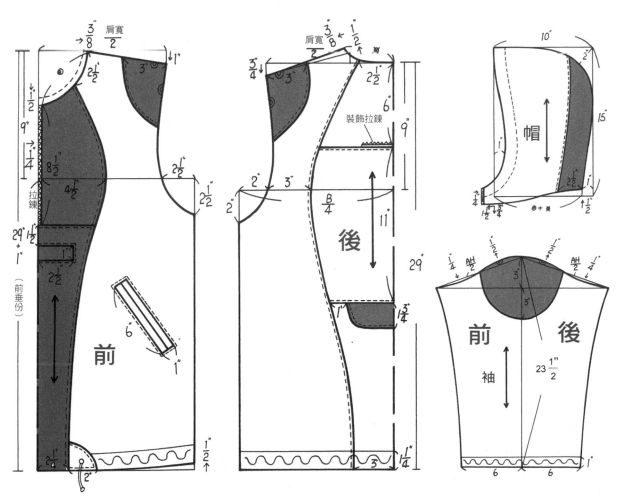

製圖尺寸

B48"　　　L30"

肩寬 18"　　袖長 23½"

袖口 12"

69

襯衫領拉克蘭袖外套

補充說明

1.前後片原型領圍畫法請參照男子服原型。

2.男性的胸部較不突出，前垂份 1" 即可。

3.腰圍車縫鬆緊帶。

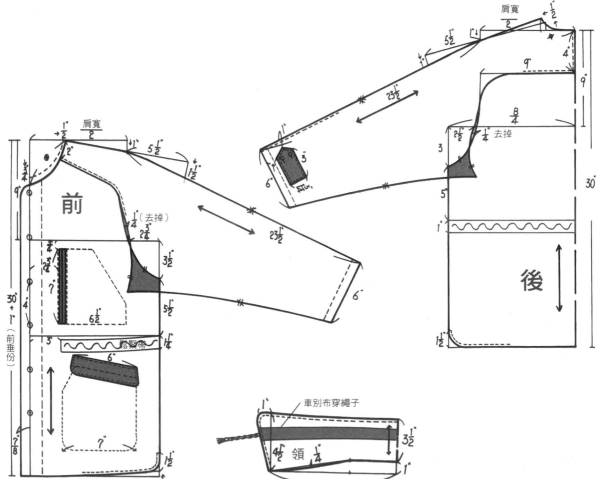

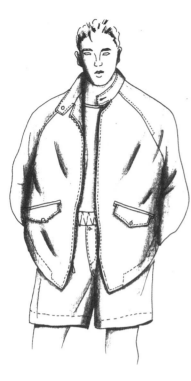

70

製圖尺寸

B48"　　　　肩寬 18"

L31"　　　　袖長 23"

袖口寬 12"

立領拉克蘭袖外套（一）

補充說明

1. 此款在領片前胸後背及口袋處有別布的設計。

2. 前後片原型領圖畫法請參照男子服原型。

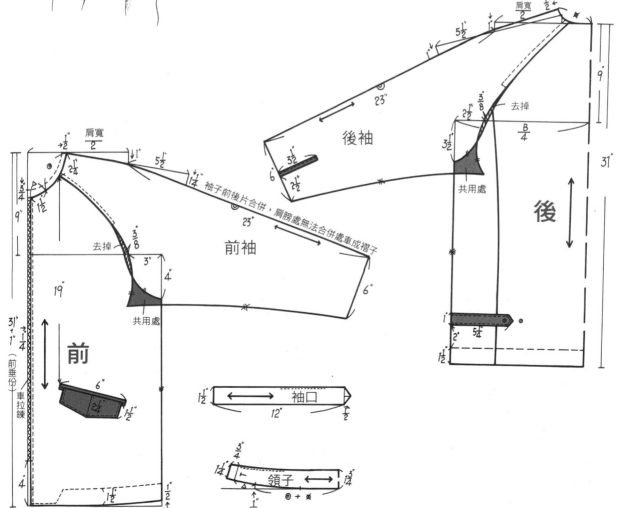

製圖尺寸

B48"	L29"
肩寬 18"	袖長 23½"
袖口 12"	

71

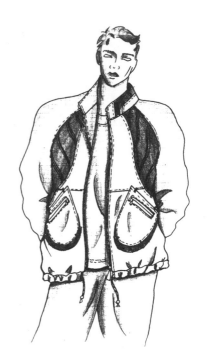

立領拉克蘭袖外套（二）

補充說明

1. 此款在前胸、後背及口袋處有別布的設計。
2. 在袖口有鬆緊帶，腰處有穿繩子的設計。
3. 前後片領圍畫法，請參照男子服原型。
4. 男性胸部較不突出，前垂份 1" 即可。

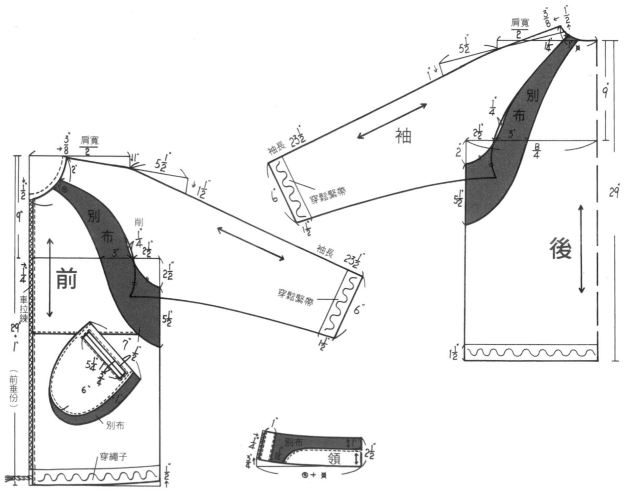

72

製圖尺寸

B48"　　　肩寬 18"

L30"　　　袖長 23¹/₂"

立領拉克蘭袖外套（三）

補充說明

1.前後片原型領圍畫法請參照男子服原型。

2.男性胸部較不突出，前垂份 1" 即可。

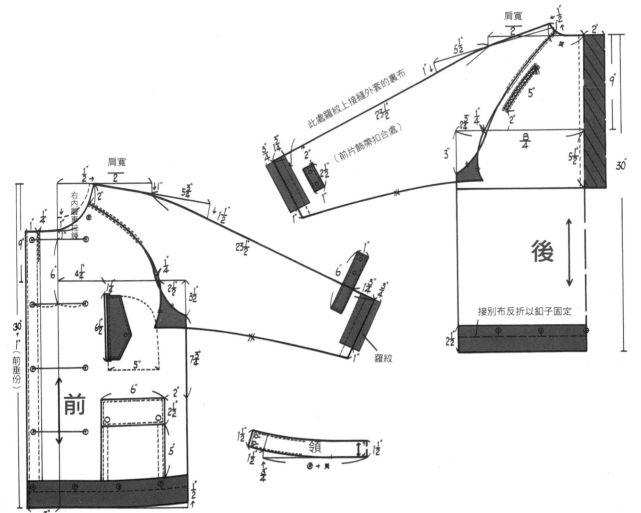

製圖尺寸

B48"　　　L29"

肩寬 18"　　袖長 23½"

袖口 12"

73

立領拉克蘭袖外套（四）

補充說明

1.此件在前後袖中心處採合併裁剪設計。

2.前後片原型領圍畫法，請參見男子服原型。

3.男性胸部較不突出，前垂份 1" 即可。

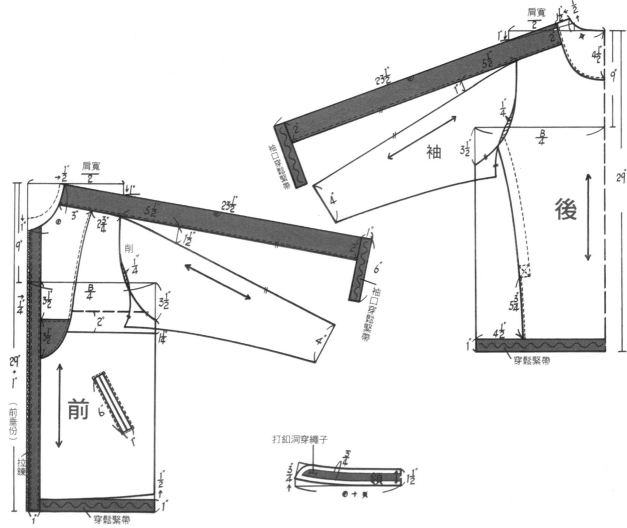

74

製圖尺寸

B48”　　　肩寬 18”
L30”　　　袖長 23$\frac{1}{2}$”

帽式拉克蘭袖外套（一）

補充說明

1.此為有帽飾的款式設計，前片亦有多種口袋的裝飾設計。

2.前後片原型領圍畫法請參照男子服原型。

3.男性的胸部較不突出，前垂份 1” 即可。

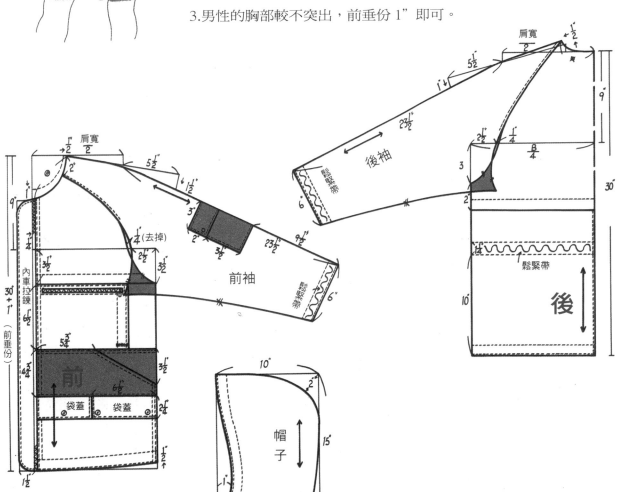

製圖尺寸

B48"　　　L30"

肩寬 18"　　袖長 23½"

75

帽式拉克蘭袖外套（二）

補充說明

1.前後片原型領圍畫法請參照男子服原型。

2.男性胸部較不突出，前垂份 1" 即可。

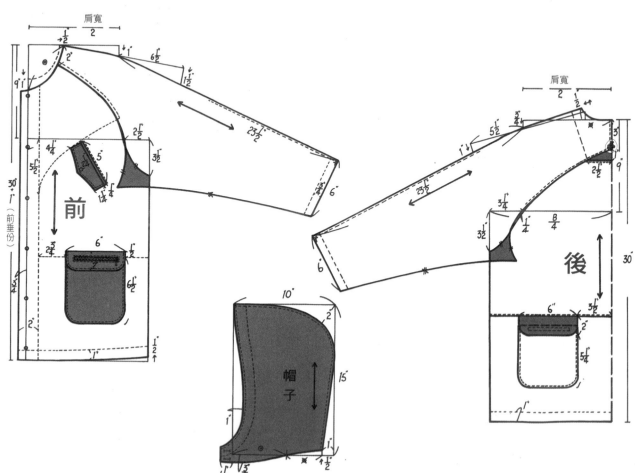

76

製圖尺寸

B48"　　　　肩寬 18"

L30"　　　　袖長 23½"

拉克蘭袖外套

補充說明

1.前後片原型領圍的畫法請參照男子服原型。

2.男性的胸部較不突出，前垂份 1" 即可。

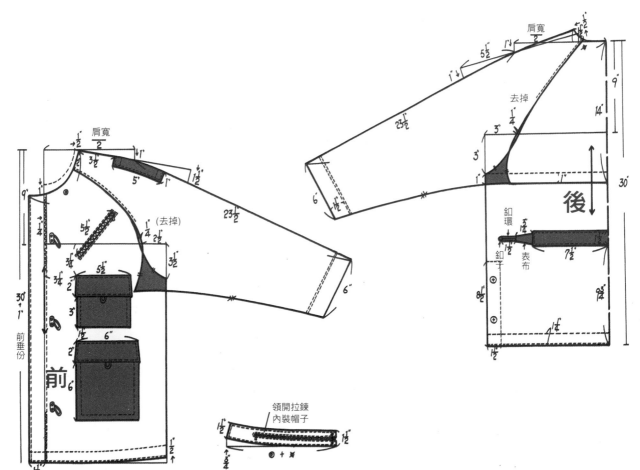

第四章

● 男式背心

製圖尺寸

B46"　　　　L20"
肩寬 17"

77

V 型領背心（一）

補充說明

1. 前後片原型領圍畫法請參照男子服原型。

2. 背心前垂份 $\frac{1}{2}$" 即可。

3. 前脅剪接處，紙型需先與後片合併，再裁剪布料。肩處前後紙型亦先需合併，再裁剪布料。

裝飾帶

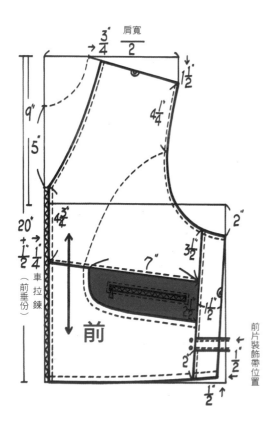

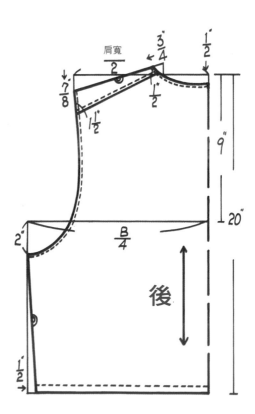

78

製圖尺寸

B48"　　肩寬 18"

袖口 12"　袖長 23$\frac{1}{2}$"

V 型領背心（二）

補充說明

1. 前後片原型領圍畫法請參照男子服原型。

2. 背心前垂份 1/2" 即可。

3. 前後脅邊處衣襬車縫鬆緊帶，可使衣身更合身。

4. 肩處前後片紙型需先合併，再裁剪布料。

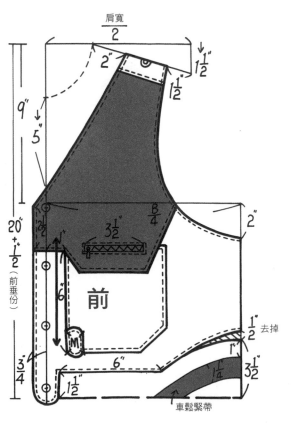

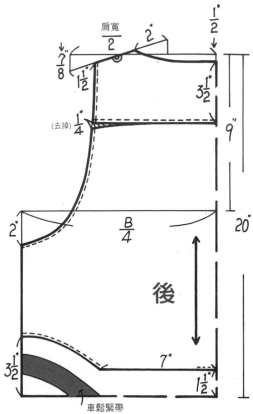

製圖尺寸

B46" L20"
肩寬 17"

79

V 型領背心（三）

補充說明

1.前後片原型領圍畫法請參照男子服原型。

2.男性的胸部較不突出，前垂份1"即可。

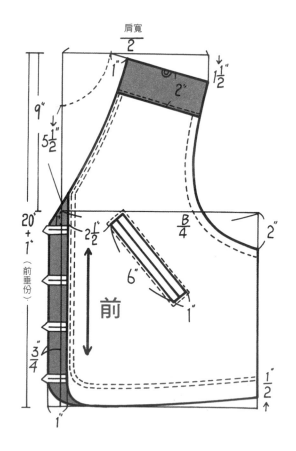

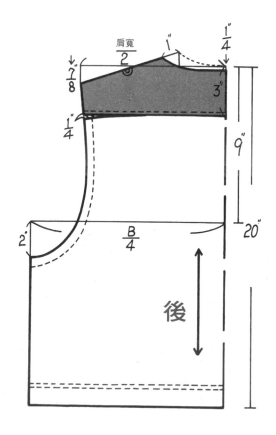

80

製圖尺寸

B46"　　肩寬 17"
L20"

V 型領背心（四）

補充說明

1. 前後片原型領圍畫法請參照男子服原型。

2. 男性的胸部較不突出，前垂份 1" 即可。

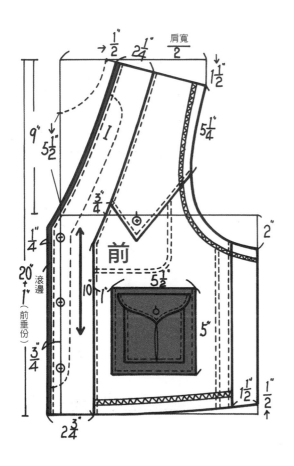

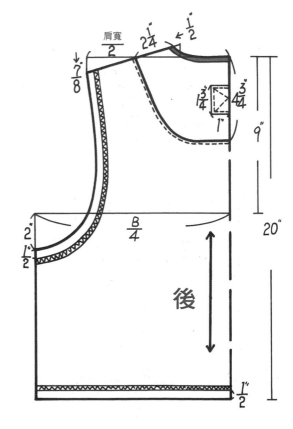

製圖尺寸

B46"　　　L20"

肩寬 17"

81

V 型領背心（五）

補充說明

1. 前後片原型領圍畫法請參照男子服原型。

2. 背心前垂份 1/2" 即可。

3. 前後片領圍、袖襱、下襬有滾邊的設計。

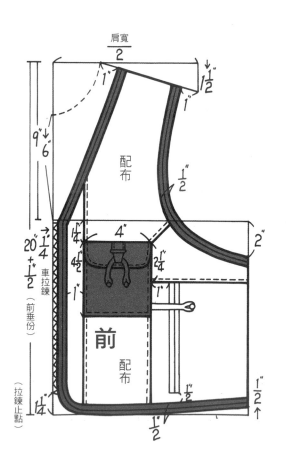

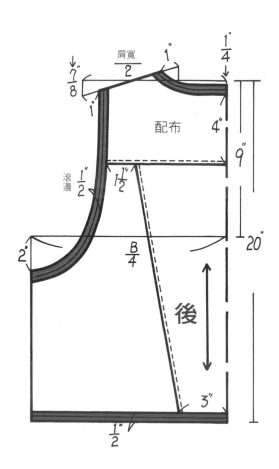

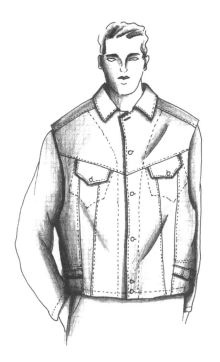

82

製圖尺寸
B46"　　肩寬 17"
L20"

襯衫領背心

補充說明

1. 前後片原型領圍畫法請參照男子服原型。

2. 背心前垂份 1/2" 即可。

3. 前胸片有剪接的變化設計。肩處前後片紙型需先合併，
   再裁布料。

4. 前後片衣襬脅邊處有飾帶的裝飾。

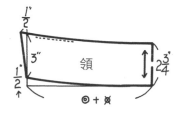

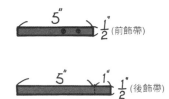

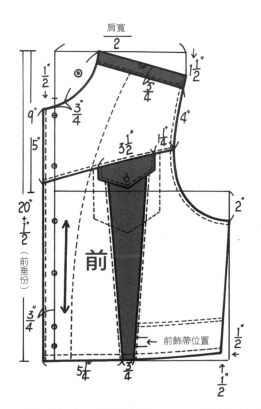

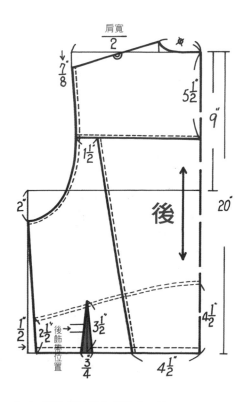

製圖尺寸

B42"　　　L20$\frac{1}{2}$"

肩寬 18"　　背長 16"

H40"

83

正式合身背心

補充說明

1. 此件背心是以單排釦西裝(參見西裝單元)為依據的樣版
   尺寸,所繪製的正式合身背心。
2. V型領口高低的位置,可依不同的西裝款式的領摺線高
   低而調整。

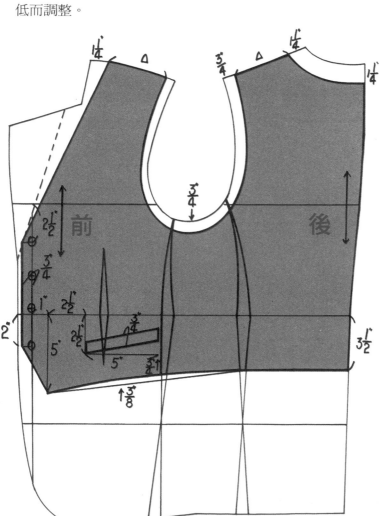

第五章

● 男式西裝

製圖尺寸

B46"　　　L20"
肩寬 17"

單排釦西裝

補充說明

1. 後中心削進 1" 可使後身片更貼身。

2. 袖子為兩片袖的製圖方式，因手往前傾的關
   係，袖山點向前移 $\frac{3}{8}$"。

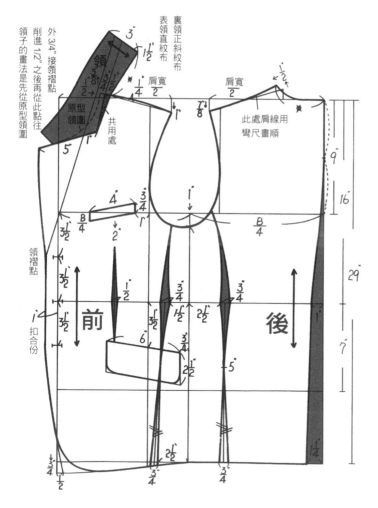

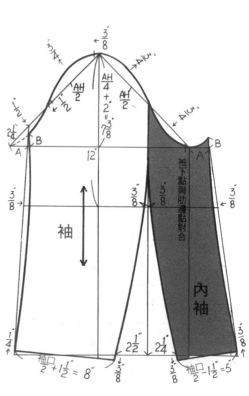

85

製圖尺寸	
B42"	肩寬 18"
袖口 13"	袖長 24"
L29"	背長 16"
H40"	

單排釦西裝

補充說明

1. 後中心削進 1"，可使後身片更貼身。

2. 袖子為兩片袖的製圖方式，因手往前傾的關係，
   袖山點向前移 3/8"。

3. 雙排釦前中心的扣合份為 3"。

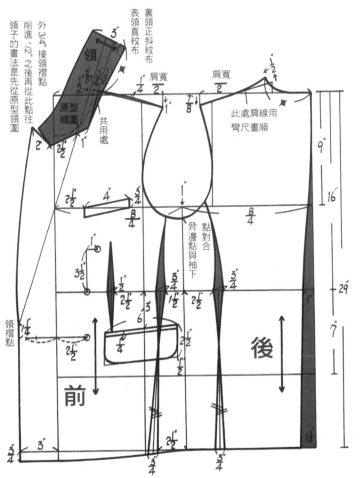

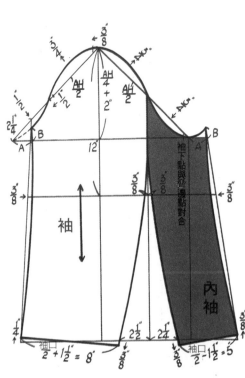

製圖尺寸

L29"　　　B42"
肩寬 18"　　背長 16"
H40"　　　袖長 24"
袖口 13"

86

絲瓜領西裝

補充說明

1. 後中心削進 1"，可使後身片更貼身。

2. 袖子為兩片袖的製圖方式，因手往前傾的關係，袖山點
　 向前移 3/8"。

3. 絲瓜領的裏領為正斜布紋。

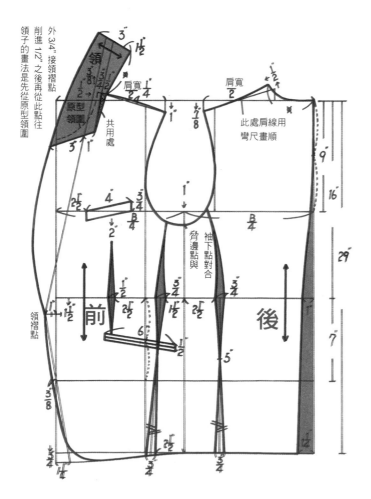

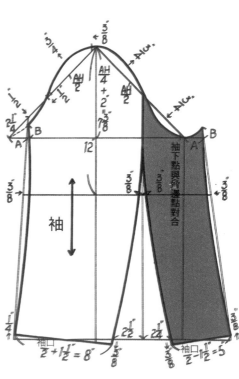

87

製圖尺寸

B42"	肩寬 18"
袖口 13"	袖長 24"
L29"	背長 16"
H40"	

劍領西裝

補充說明

1. 後中心削進 1"，可使後身片更貼身。

2. 袖子為兩片袖的製圖方式，因手往前傾的關係，

　袖山點向前移 3/8"。

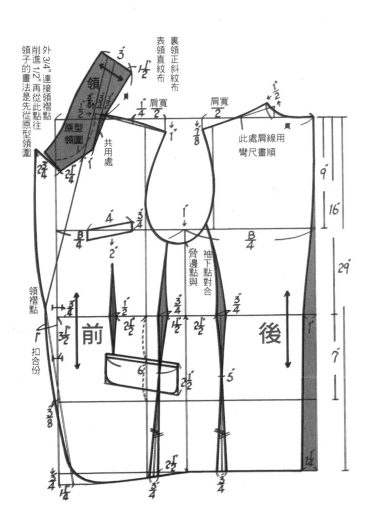

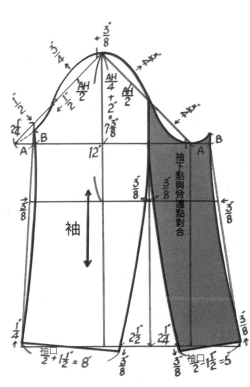

製圖尺寸

L29"	B42"
肩寬 18"	背長 16"
H40"	袖長 24"
袖口 13"	

88

青年裝（一）

補充說明

1. 此件為休閒式的獵裝，後中心的對合褶可增加活動量。

2. 前後片的剪接片，亦可用不同顏色或材質來搭配設計。

3. 袖子為兩片袖的製圖方式，因手往前傾的關係，袖山點向前移 3/8"。

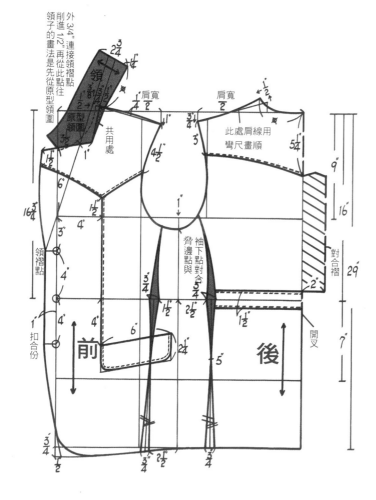

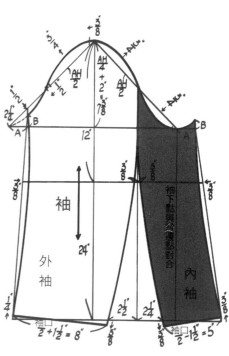

89

製圖尺寸

B42"　　　肩寬 18"

袖口 13"　袖長 24"

L29"　　　背長 16"

H40"

青年裝（二）

補充說明

1. 此件為休閒式的獵裝，後中心的對合褶可增加活動量。

2. 前後片的剪接片，亦可用不同顏色或材質來搭配設計。

3. 袖子為兩片袖的製圖方式，因手往前傾的關係，袖山點 向前移 3/8"。

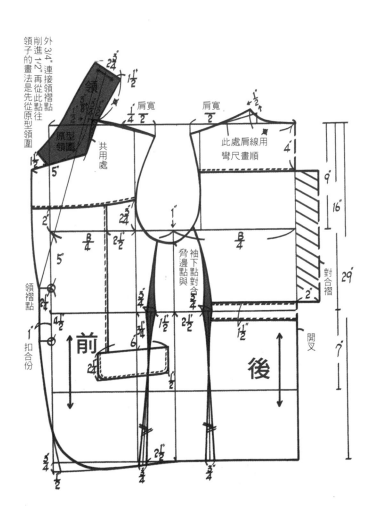

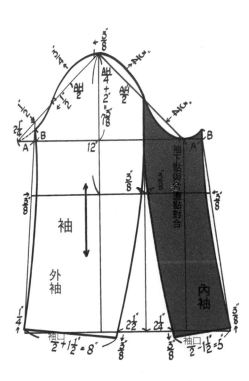

製圖尺寸

L42"	B40"	肩寬 18"
背長 16"	H39"	袖長 24"
袖口 13"	W33"	

90

燕尾服

補充說明

1. 燕尾服是男士正式禮服，是夜間午後6時以後最高尚的正式禮服。其
   子需為劍領且必須使用領絹。衣長是前片短，後片衣襬成燕尾狀而自
   圍以下開叉。前片左右各有3個裝飾鈕釦。

2. 脅邊處紙型前後需合併，再裁布料。

3. 腰圍處需有剪接線（因接縫燕尾的裁片）。

4. 後中心削進 3/4"，可使後身片更貼身。

5. 袖子為兩片袖的製圖方式，因手往前傾的關係，袖山點向前移3/8"。

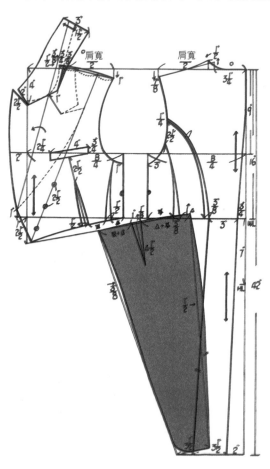

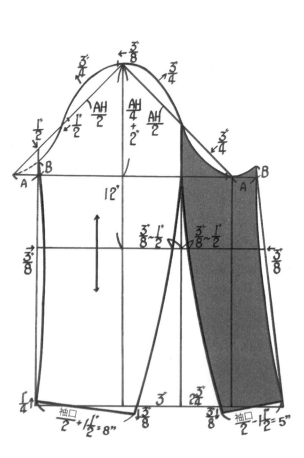

第六章

● 男式長大衣

製圖尺寸

衣長 37"	B48"
肩寬 19"	袖長 24½"
袖口 14"	

91

長大衣（一）

補充說明

1. 後中心削進 1"，可使後身片更貼身。

2. 袖子為兩片袖的製圖方式，因手往前傾的關係，袖山點向前移 3/8"。

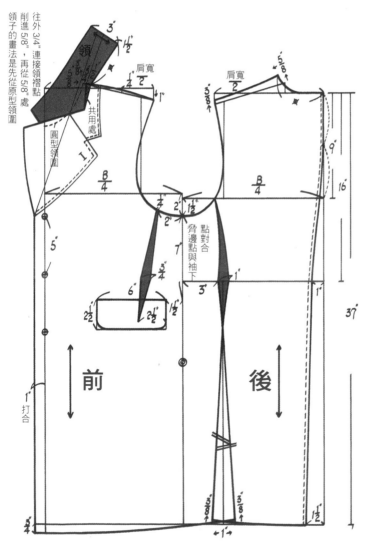

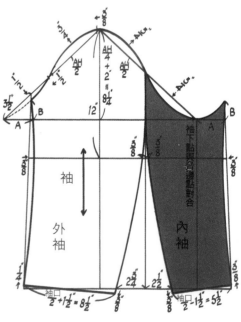

92

製圖尺寸

衣長 37"　　B48"

肩寬 19"　　袖長 24$\frac{1}{2}$"

袖口 14"

長大衣（二）

補充說明

1. 後腰圍處有腰帶裝飾。

2. 袖子為兩片袖的製圖方式，因手往前傾的關係，
   袖山點向前移 3/8"。

3. 此件為雙排釦的設計。

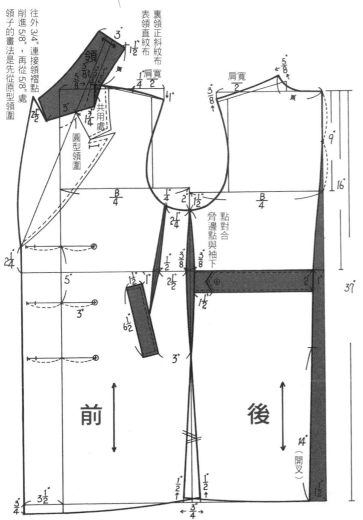

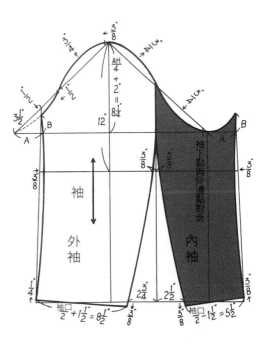

製圖尺寸

衣長 37"　　B48"

肩寬 19"　　袖長 24$\frac{1}{2}$"

袖口 14"

長大衣（三）

補充說明

1. 後中心削進 1"，可使後身片更貼身。

2. 袖子為兩片袖的製圖方式，因手往前傾的關係，袖山點向前移 3/8"。

3. 此件為雙排釦的設計。

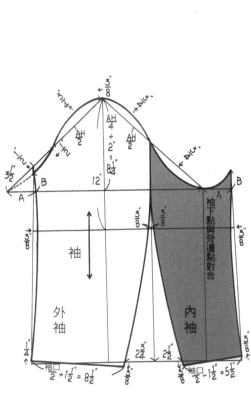

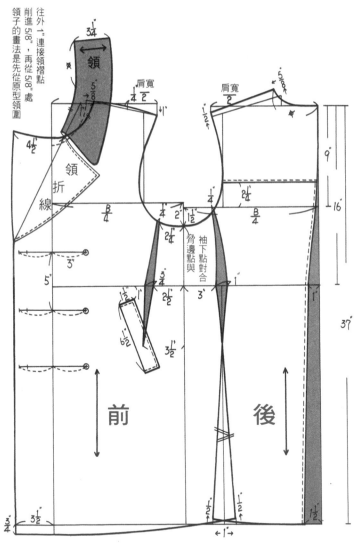

製圖尺寸

衣長 37"　　　B48"

肩 19"　　　袖長 24$\frac{1}{2}$"

袖口 14"

拉克蘭袖長大衣（一）

補充說明

1. 後中心削進 1"，可使後身片更貼身。

2. 此袖型為拉克蘭袖，需注意前、後袖下線需等長。

3. 後片袖口處有飾帶為裝飾。

往外 3/4" 連接領褶點
削進 5/8"，再從 5/8" 處
領子的畫法是先從原型領圍

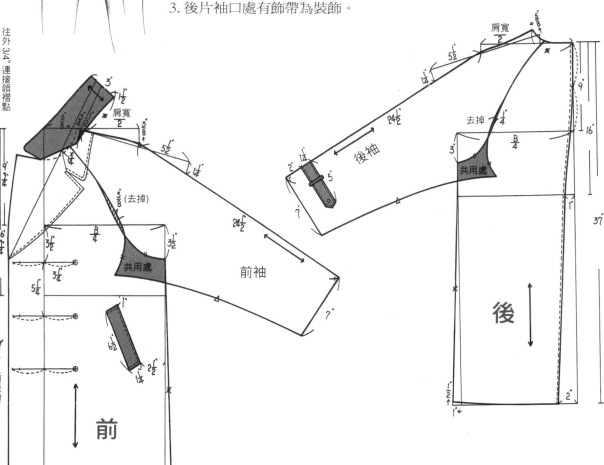

製圖尺寸

衣長 37"　　B48"

肩寬 19"　　袖長 24¹/₂"

袖口 14"

95

拉克蘭袖長大衣（二）

補充說明

1. 前後袖中心袖紙型合併，袖下線前後片需等長。

2. 後中心削進 1"，可使後身片更貼身。

3. 此件為雙排釦的設計。

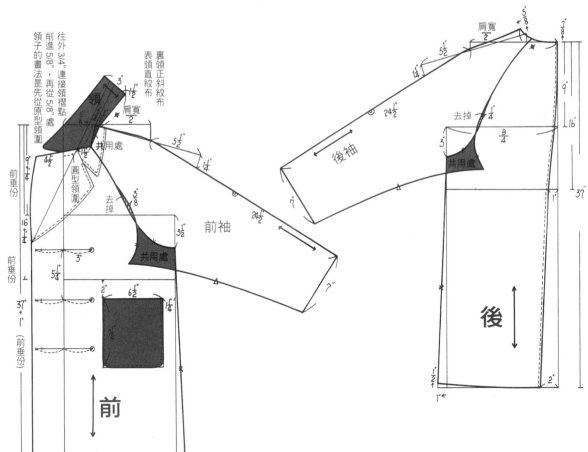

 童裝單元

幼童的體型特徵

　　幼童的體型比例特徵，並非是成人體型的縮小體。因而，童裝也不是成人服裝等比例的縮小版。幼童身體的各部位比例與成人相較，有許多差異之處（參見圖一）。例如嬰兒出生時頭顱很大，所佔的身體比例約身長的1/2 ，經過發育及成長後，至成人時，頭部所佔的比例約身長的1/8。從出生到成人的發育成長過程中，頭部約只長了一倍，軀幹約增長二倍，上肢約增長三倍，下肢約增長四倍（參見圖二）。因此，幼童在成長的過程中，並非身體各部位皆是等比例的增長，而是各有不同程度的發展。所以，在研究童裝的過程中，如何使童裝合乎機能性及舒適性的要求，就必須先了解幼童時期的體型特徵。以下將分列簡述之。

一、頭部

　　愈小的孩童頭部所佔的比例愈大。二～三歲的幼童其身高約為四至五個頭身；成人則約為七至八個頭身。因此，幼童的頭部所佔的比例很大，即所謂大頭的體型。

二、肩寬

　　嬰兒的肩幅寬約為一個頭身寬；成人的肩幅寬約為三個頭身寬。

三、腹、背部

　　若從側面觀察幼童的軀幹，其體幹是形成向前突出的彎曲弧形。幼童的腹部常出現突出的現象，狀似成人的啤酒肚般，但是成人的背部卻不像幼童般的凹入，而呈現較平坦的情形。

四、下肢

　　幼童身高的發展，身體上半部的發育先於下半部，因此身體各部份的比例顯的不相稱，直到其他部份的發育趕上來時，這種不相稱的現象才漸漸消失。幼童的下肢長度，小腿比大腿短。下肢與身高的比例，一至二歲時約身高的1/3左右，及至成人逐漸接近1/2，其中大腿增長最為顯著。幼童膝關節以下的小腿，呈向外翻轉，所以無法兩腳跟併合站直的情形。

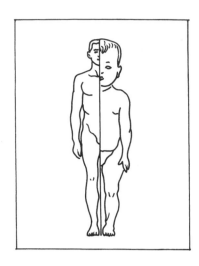

圖一
新生嬰兒與成人之身體比例

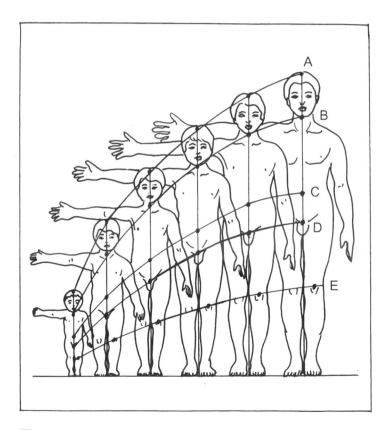

圖二
A:頭頂點　B:下顎點　C:肚臍　D:恥骨結合點　E:脛骨點
幼童至成人身高的成長比例變化圖

童裝的量身法

　　將幼童穿上比較適合量身的內衣，如圖一所示。腰圍處水平繫上一條細鬆緊帶，可方便於量身。若是幼童的腰圍處不明顯，不易找出腰圍線，可利用手自然垂下後，肘關節處決定腰圍線的位置。因幼童活動性較強，不易安定下來量身，因此量身的速度需迅速。量身前，可先參考兒童尺寸表，作為量身的參考。因幼童的成長速度很快，體型的變異性很大，所以量身時可多留一些鬆份。

圖一為頭圍、頸圍、胸圍、腰圍及臀圍的量身位置
頭圍：兩手指放在皮尺內，在額頭處水平環繞一圈的尺寸。
頸圍：兩手指放在皮尺內，在頸根處水平環繞一圈的尺寸。
胸圍：在胸部最寬大之處，皮尺水平環繞一圈的尺寸。
腰圍：在腰圍繫鬆緊帶處，皮尺水平環繞一圈的尺寸。因有些幼童腹部較為突出，故有時腰圍量得的尺寸比胸圍還大。
臀圍：在臀部最寬大處，皮尺水平環繞一圈的尺寸。

圖二為肩寬及衣長的量身位置
肩寬：自左或右的肩端點起，經過後頸中心點之間的長度。呈現的並不是水平線，而是有點彎曲度。
衣長：從後頸點經過腰圍線量取所需的長度。

圖三為袖長、腕圍及股下長的量身位置
袖長：自肩點順著手臂彎曲的弧度量至手腕點。
腕圍：皮尺環繞手根點一圈的尺寸。
股下長：從後臀部下方凹陷處，量至腳後根處與腳踝水平的位置。

圖四為膝長及脅長的量身位置
膝長：在前腰圍線處垂直量至膝蓋骨中央的位置。
脅長：自側面的腰圍線經過膝蓋處量至腳外踝點的長度。此處亦是量褲長的方式，其長度可依喜好來決定。

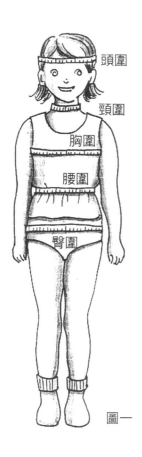

圖一

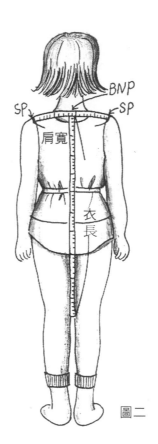

圖二

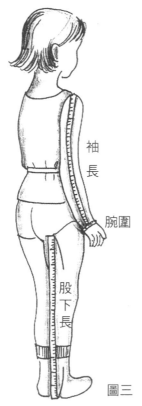

圖三

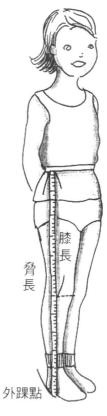

圖四

兒童尺寸表

單位：英吋

名稱 ＼ 年齡	1歲	2歲	3歲	4歲	5歲	6歲	7歲	8歲	9歲	10歲	11歲	12歲
總長(背長＋裙長)	$13\frac{1}{4}''$	$14\frac{1}{2}''$	$15\frac{3}{4}''$	$17''$	$18\frac{1}{4}''$	$19\frac{1}{2}''$	$20\frac{3}{4}''$	$22''$	$23\frac{1}{4}''$	$24\frac{1}{2}''$	$25\frac{3}{4}''$	$27''$
背長	$7\frac{7}{8}''$	$8\frac{1}{4}''$	$8\frac{5}{8}''$	$9''$	$9\frac{3}{8}''$	$9\frac{3}{4}''$	$10\frac{1}{4}''$	$10\frac{1}{2}''$	$10\frac{7}{8}''$	$11\frac{1}{4}''$	$11\frac{5}{8}''$	$12''$
肩寬	$8\frac{7}{8}''$	$9\frac{1}{4}''$	$9\frac{5}{8}''$	$10''$	$10\frac{3}{8}''$	$10\frac{3}{4}''$	$11\frac{1}{4}''$	$11\frac{1}{2}''$	$11\frac{7}{8}''$	$12\frac{1}{4}''$	$12\frac{5}{8}''$	$13''$
胸圍(B)	$18\frac{3}{4}''$	$19\frac{1}{2}''$	$20\frac{1}{4}''$	$21''$	$21\frac{1}{4}''$	$22\frac{1}{2}''$	$23\frac{1}{4}''$	$24''$	$24\frac{3}{4}''$	$25\frac{1}{2}''$	$26\frac{1}{4}''$	$27''$
腰圍(W)	$19\frac{3}{8}''$	$19\frac{1}{4}''$	$20\frac{1}{8}''$	$20\frac{1}{2}''$	$20\frac{7}{8}''$	$21\frac{1}{4}''$	$21\frac{5}{8}''$	$22''$	$22\frac{3}{8}''$	$22\frac{3}{4}''$	$23\frac{1}{8}''$	$22\frac{1}{2}''$
臀圍(H)	$20\frac{3}{4}''$	$21\frac{1}{2}''$	$22\frac{1}{4}''$	$23''$	$23\frac{3}{4}''$	$24\frac{1}{2}''$	$25\frac{1}{4}''$	$26''$	$26\frac{3}{4}''$	$27\frac{1}{2}''$	$28\frac{1}{4}''$	$29''$
領圍(N)	$10\frac{1}{4}''$	$10\frac{1}{2}''$	$10\frac{3}{4}''$	$11''$	$11\frac{1}{4}''$	$11\frac{1}{2}''$	$11\frac{3}{4}''$	$12''$	$12\frac{1}{4}''$	$12\frac{1}{2}''$	$12\frac{3}{4}''$	$13''$
領圍	$18\frac{3}{8}''$	$18\frac{3}{4}''$	$19\frac{1}{8}''$	$19\frac{1}{2}''$	$19\frac{7}{8}''$	$20\frac{1}{4}''$	$20\frac{5}{8}''$	$21''$	$21\frac{3}{8}''$	$21\frac{3}{4}''$	$22\frac{1}{8}''$	$22\frac{1}{2}''$
長袖長	$6\frac{1}{4}''$	$7\frac{1}{2}''$	$8\frac{3}{4}''$	$10''$	$11\frac{1}{4}''$	$12\frac{1}{2}''$	$13\frac{3}{4}''$	$15''$	$16\frac{1}{4}''$	$17\frac{1}{2}''$	$18\frac{3}{4}''$	$20''$
短袖長	$3\frac{1}{4}''$	$3\frac{1}{2}''$	$3\frac{3}{4}''$	$4''$	$4\frac{1}{4}''$	$4\frac{1}{2}''$	$4\frac{3}{4}''$	$5''$	$5\frac{1}{4}''$	$5\frac{1}{2}''$	$5\frac{3}{4}''$	$6''$
股上	$7''$	$7\frac{1}{4}''$	$7\frac{1}{2}''$	$7\frac{3}{4}''$	$8''$	$8\frac{1}{4}''$	$8\frac{1}{2}''$	$8\frac{3}{4}''$	$9''$	$9\frac{1}{4}''$	$9\frac{1}{2}''$	$9\frac{3}{4}''$
短褲長	$9\frac{3}{8}''$	$9\frac{3}{4}''$	$10\frac{1}{8}''$	$10\frac{1}{2}''$	$10\frac{7}{8}''$	$11\frac{1}{4}''$	$11\frac{5}{8}''$	$12''$	$12\frac{3}{8}''$	$12\frac{3}{4}''$	$13\frac{1}{4}''$	$13\frac{1}{2}''$
長褲長	$18\frac{3}{4}''$	$20''$	$21\frac{1}{4}''$	$22\frac{1}{2}''$	$23\frac{3}{4}''$	$25''$	$26\frac{1}{4}''$	$27\frac{1}{2}''$	$28\frac{3}{4}''$	$30''$	$31\frac{1}{4}''$	$32\frac{1}{4}''$

兒童身高體重表

身高、體重 ＼ 年齡	2歲	3歲	4歲	6歲	8歲	10歲	12歲	14歲	16歲
身高(cm)	80	90	100	110	120	130	140	150	160
體重(kg)	15	17	19	22	25	28	33	42	50

兒童基本原型（8歲）

製圖尺寸

背長 $10\frac{1}{2}$"

肩寬 $11\frac{1}{2}$"

胸寬(B)24"

領圍(N)$10\frac{1}{2}$"

96

補充說明

1. 此原型是以兒童8歲的標準體型尺寸所製的原型，若是穿者並非8歲，可參考前面單元的兒童尺寸表，再繪製。

2. 若兒童身高及體重並非前面單元表格所列的標準比例，如身材特別高大或矮小，或體型肥胖等，則兒童尺寸表中的標準尺寸僅能作為參考，必須以實際量身所得的尺寸為依據。

3. 童裝男上衣通常是左身片蓋右身片；女上衣則相反。因此，男童是以左半身製圖原型，女童是以右半身製圖原型。

4. 此原型是以背長、肩寬、胸寬及領圍尺寸為基準而製圖。

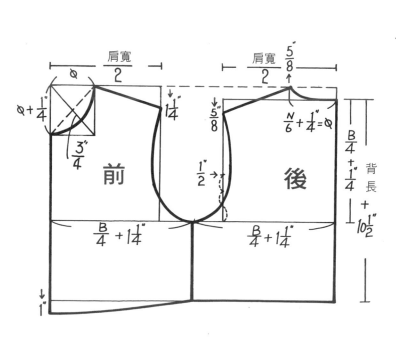

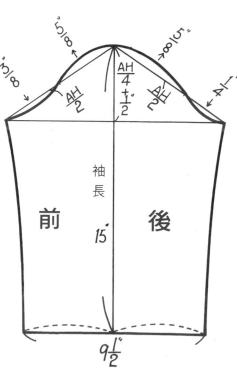

第一章

● 童裝裙子

子

童裝裙子

裙子 童裝裙子

裝裙子 童裝裙子

製圖尺寸

W20"(完成腰)

裙長 12$\frac{1}{2}$"

裙子（一）

補充說明

1. 前片有口袋裝飾。

2. 兩脅邊車縫鬆緊帶。

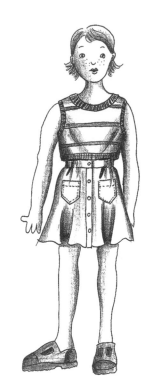

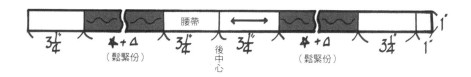

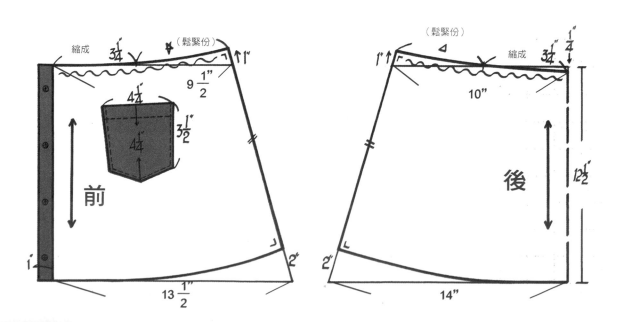

98

製圖尺寸

W20"　　裙長 12½"

裙子（二）

補充說明

1. 裙子下襬接縫片處夾入蕾絲車縫。
2. 前片中心摺雙，後中心開拉鍊。

兩脅邊車鬆緊帶，後中心開拉鍊的腰帶布

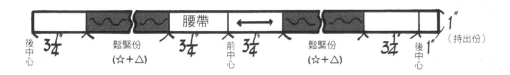

腰帶

後中心　3¾"　鬆緊份（☆＋△）　3¾"　前中心　3¾"　鬆緊份（☆＋△）　3¾"　後中心　1"（持出份）

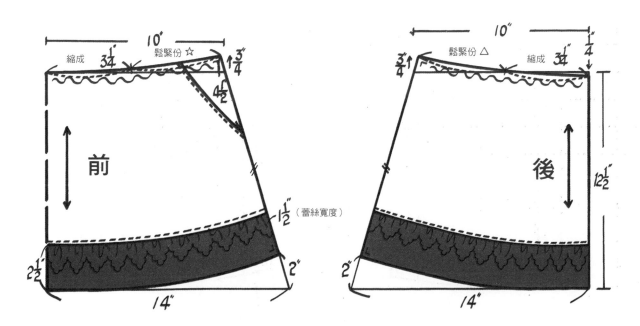

10"　縮成 3¾"　鬆緊份☆　1¾"　4½"　前　1½"（蕾絲寬度）　2½"　14"

10"　3¾"　鬆緊份△　縮成 3¾"　¼"　後　12½"　2"　14"

製圖尺寸

W20"(完成腰)
裙長 12½"　　W34"

99

裙子（三）

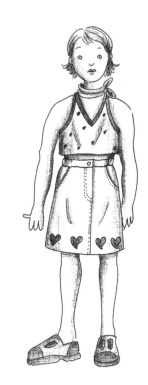

補充說明

1. 此件裙子的開口採用褲子開褲襠的方式。

2. 兩脅邊車縫鬆緊帶。

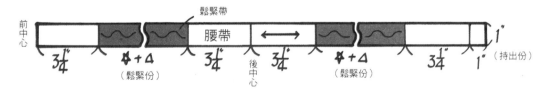

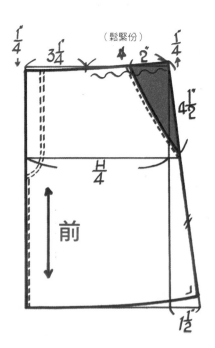

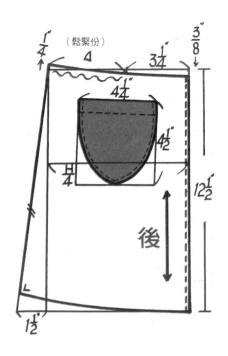

100

裙子（四）

補充說明

1. 裙子下襬有重疊展開的份量。

2. 兩脅邊車縫鬆緊帶。

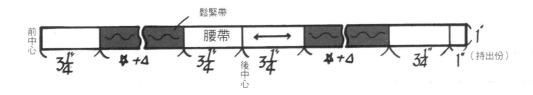

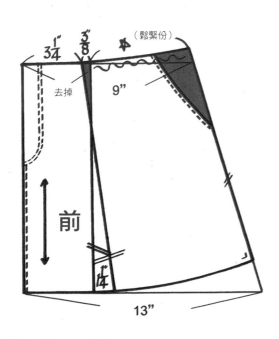

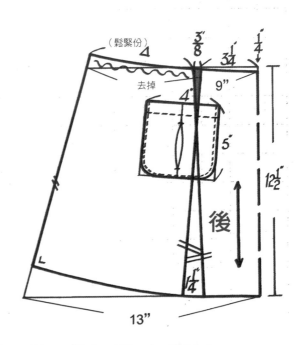

第二章

● 童裝褲子

製圖尺寸

W20"(完成腰) H34"
褲長 27 1/2"　　股上 8 3/4"
褲口 12 3/4"

101

長褲（一）6-8歲

補充說明

1. 前左口袋為立體口袋，可裝置很多東西而不易變形。

2. 兩脅邊車縫鬆緊帶。

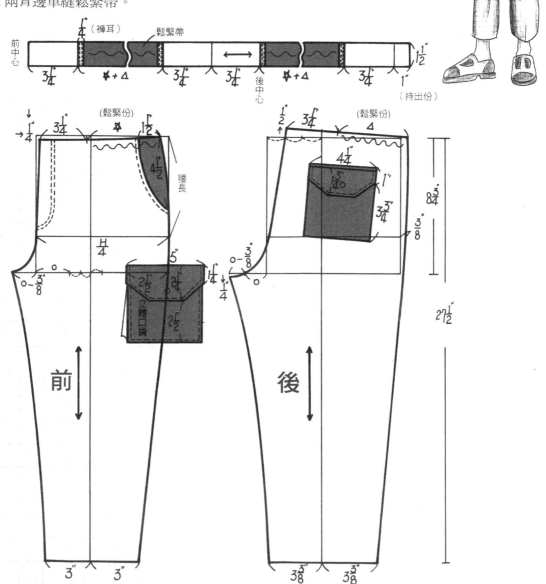

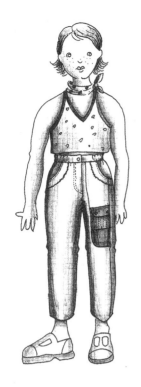

102

製圖尺寸

W20"(完成腰) H34"

褲長 27$\frac{1}{2}$"　　股上 8$\frac{3}{4}$"

褲口 12$\frac{3}{4}$"

長褲（二）6-8歲

補充說明

1. 腰帶兩脅邊處車縫鬆緊帶。

2. 左前片脅邊處有接縫布及口袋的設計。

3. 袋口處可用特種車縫作為裝飾線。

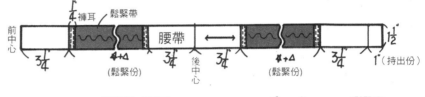

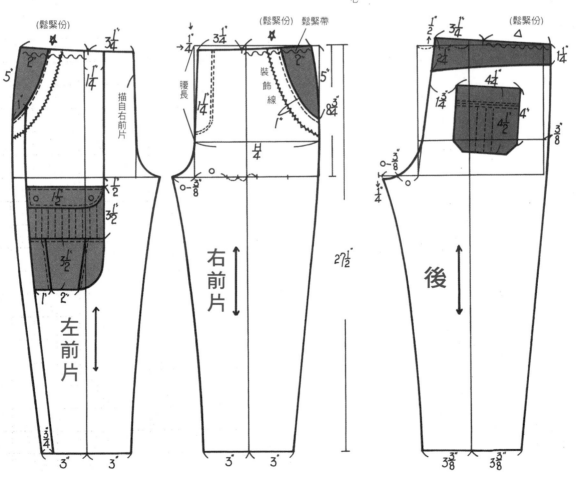

製圖尺寸

W20"(完成腰) H34"

褲長 27$\frac{1}{2}$" 股上 8$\frac{3}{4}$"

褲口 12$\frac{3}{4}$"

103

長褲（三）6-8歲

補充說明

1.前後片配布處可採用不同的質料或顏色來搭配設計。

2.兩脅邊處車縫鬆緊帶。

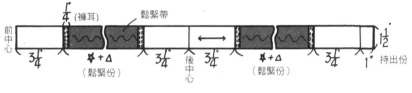

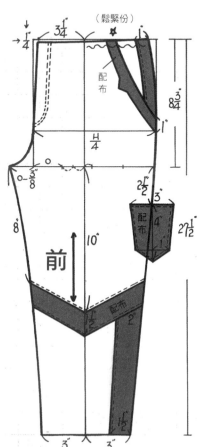

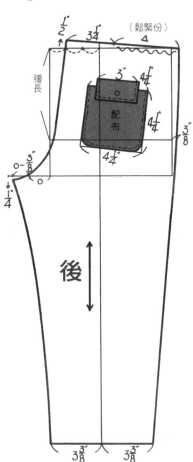

104

製圖尺寸

W20"(完成尺寸)　　H34"

褲長 27¹/₂"　　　股上 8³/₄"

褲口 12³/₄"

長褲（四）6-8歲

補充說明

1. 前片的口袋及剪接片處可採用不同顏色或質料的搭配設計。

2. 兩脅邊車縫鬆緊帶。

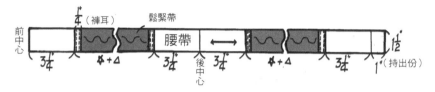

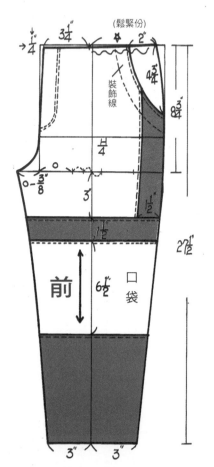

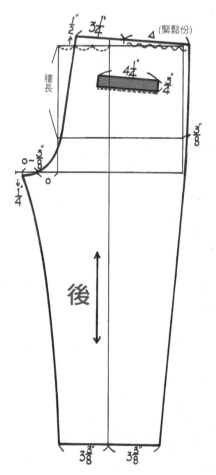

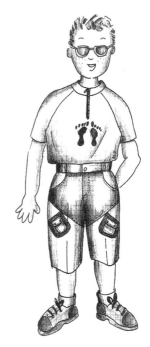

製圖尺寸

W19"(完成尺寸)　　H34"

褲長 27$\frac{1}{2}$"　　　股上 8$\frac{3}{4}$"

褲口 11$\frac{1}{2}$"

105

鬆緊長褲（一）6-8歲

補充說明

1. 此件在腰處有穿繩子的設計，可依穿者的腰圍大小作適
   當的調整。

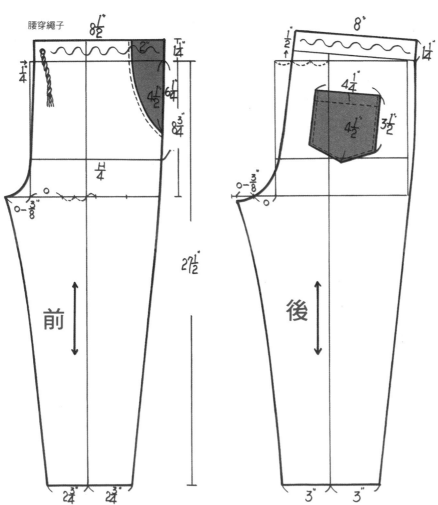

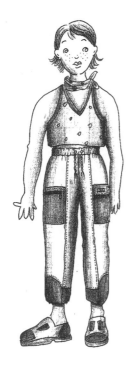

106

製圖尺寸

W19"(完成腰)　　H34"

褲長 27½"　　　　股上 8¾"

褲口 11½"

鬆緊長褲（二）6-8歲

補充說明

1. 右前片車縫拉鍊式口袋，左前片為有袋蓋式的口袋作為裝飾。

2. 前後剪接及口袋處可採用不同顏色或質料來作搭配設計。

3. 腰圍處採用穿繩子的設計，可依腰圍的大小，作適當調整。

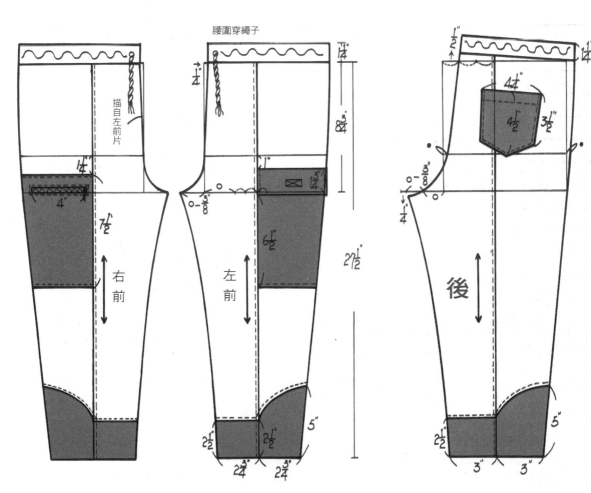

腰圍穿繩子

描自左前片

右前

左前

後

製圖尺寸

W19"(完成尺寸)　H34"

褲長 15½"　　　股上 8¾"

褲口 17¼"

鬆緊短褲（一）6-8歲

補充說明

1. 此件在腰處有穿繩子的設計，可依穿者的腰圍大小作適
   當的調整。

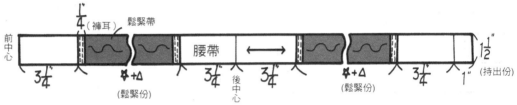

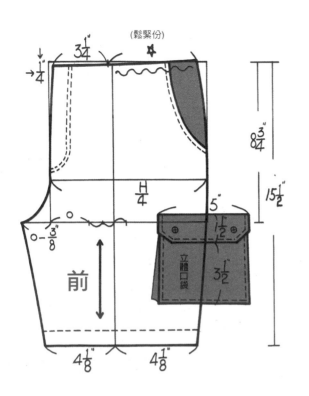

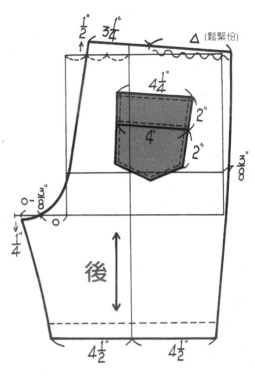

108

製圖尺寸
W20"(完成尺寸)　H34"
褲長 14"　　股上 8½"
褲口 17¼"

鬆緊短褲（二）6-8歲

補充說明

1.前脅邊處設計剪貼片，可採不同質料或顏色的設計。

2.兩脅邊處車縫鬆緊帶。

3.後片有貼式口袋的設計。

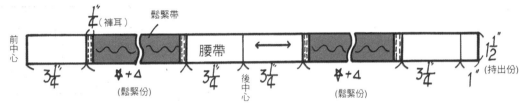

前中心　¼"(褲耳)　鬆緊帶　腰帶　後中心　（鬆緊份）（持出份）
3¾"　☆+△(鬆緊份)　3¾"　3¾"　☆+△(鬆緊份)　3¾"　1"　1½"

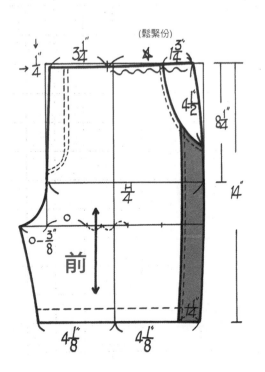

(鬆緊份)
↓¼"　3¾"　☆　1¾"　4½"　8¼"　14"
H/4
○–⅜"
前
4⅛"　4⅛"

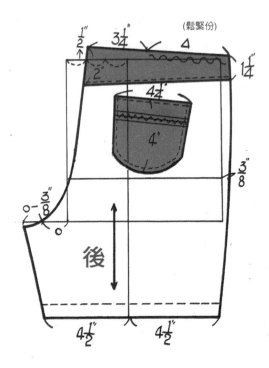

(鬆緊份)
½"　3¾"　△　1¼"
2"　4¼"　4"
○⅜"　3/8
後
4½"　4½"

製圖尺寸

W19"(完成腰)　　H34"

褲 13"　　　　　　股上 8³/₄"

褲口 17¹/₄"

109

鬆緊短褲（三）6-8歲

補充說明

1. 前後片配布處可採用不同質料或顏色的搭配設計。

2. 腰圍處採用穿繩子的設計，可依腰圍的大小，作彈性
   的適當調整。

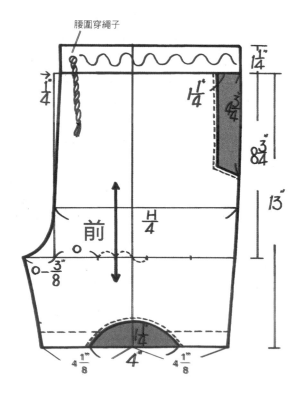

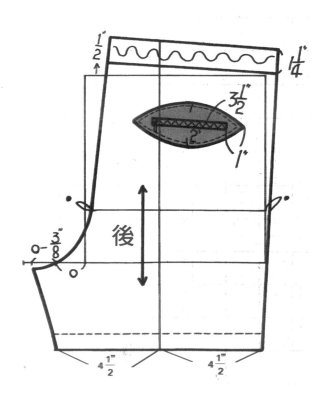

110

製圖尺寸

W20"(完成尺寸)　H34"

褲長 20"　　股上 8³/₄"

褲口 16³/₄"

七分褲（一）6-8歲

補充說明

1. 前片下襬剪接片及口袋，可採不同質料或顏色的設計。

2. 兩脅邊車縫鬆緊帶。

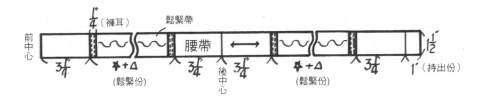

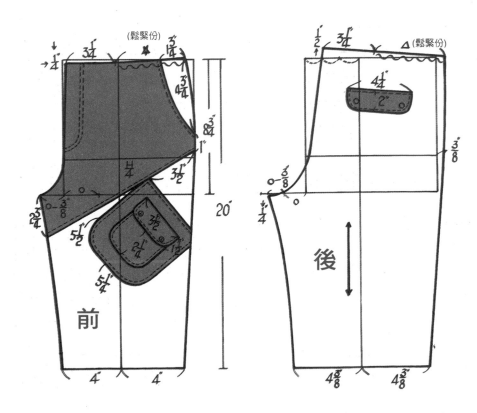

111

七分褲（二）6-8歲

補充說明

1. 兩脅邊車縫鬆緊帶。

2. 前片多加了一裝飾布，可用不同質料或顏色的方式來搭配設計。

製圖尺寸

W20"(完成尺寸)　H34"

褲長 20"　　　股上 8³/₄"

褲口 16³/₄"

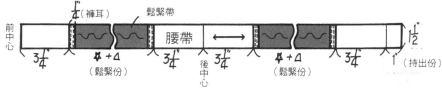

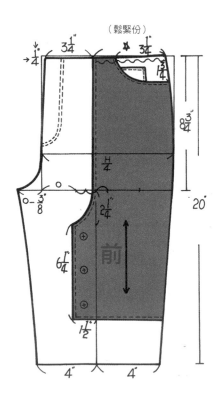

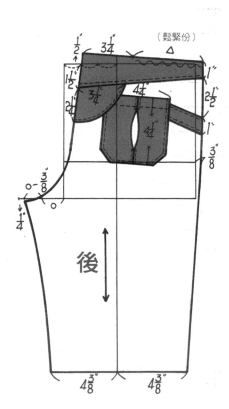

第三章

● 童裝上衣

製圖尺寸

B32"　　　L16¹/₂"
肩 13¹/₂"　　袖長 15"
袖口 10"

112

上衣

補充說明

1. 此件為無領的圓型領口設計。
2. 袖口採用有伸縮性的羅紋布。

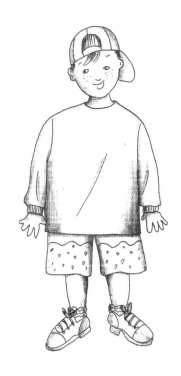

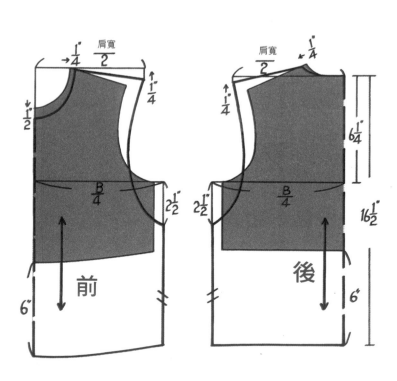

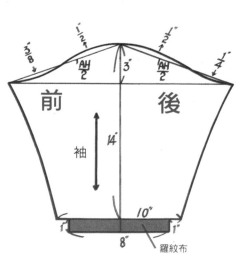

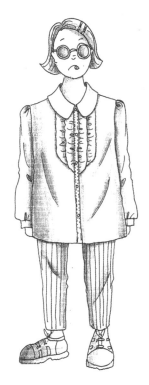

113

製圖尺寸

B32"　　　　L17$\frac{1}{2}$"
袖長 15"　　　袖口 7"

襯衫領襯衫（一）

補充說明

1. 左右前襟處可用蕾絲或本布抽細褶方式裝飾，如前片圖示。

2. 袖山處因有蓬份設計，故紙型需再切開拉出抽細褶的份量(可參考下一件袖山的紙型切開方式)。

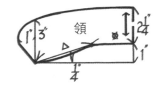

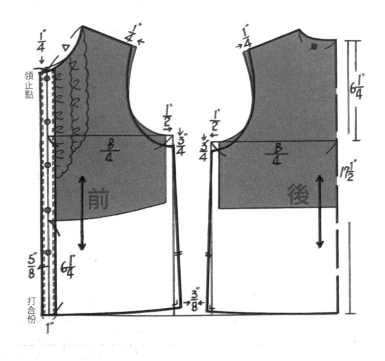

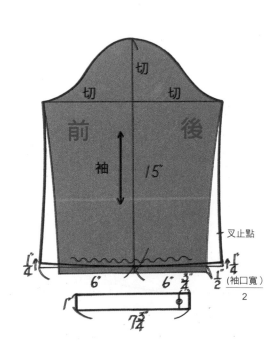

2

製圖尺寸

B32"　　　　L17$\frac{1}{2}$"
袖長 15"

襯衫領襯衫（二）

補充說明

1. 袖子製圖方式，可參考童裝原型袖。
2. 袖山處抽細褶，袖口處車縫鬆緊帶。
3. 領圍處可另加細帶打蝴蝶結裝飾。

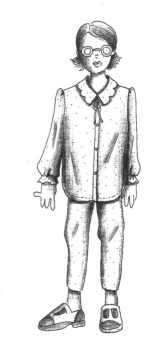

原型袖

切

前　　後

袖 15"

車鬆緊帶　10"

領　2"

△ + ⊗

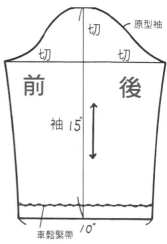

袖子切展開圖

拉細褶

前　　後

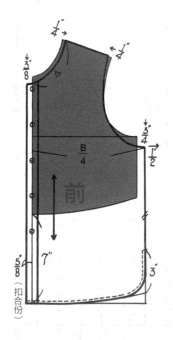

前

B/4

7"

3"

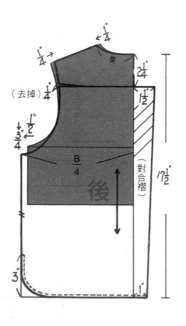

後

B/4

（去掉）

（對合褶）

3"

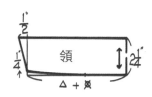

115

製圖尺寸

B32"　　　　L17$\frac{1}{2}$"

袖長 5"　　　　袖口 11"

襯衫領襯衫（三）

補充說明

1. 此件衣服較為寬鬆，前垂份 1/2" 即可。

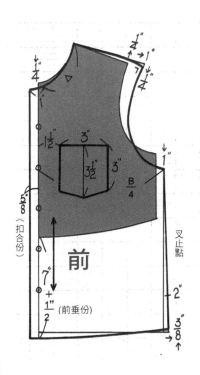

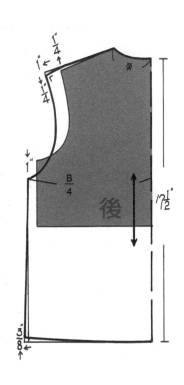

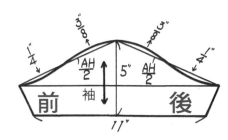

製圖尺寸

B32"　　　　L18"

袖長 15"　　袖口 7"

116

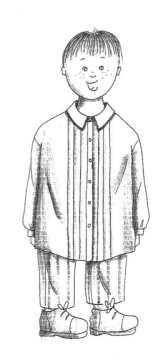

有領台襯衫領襯衫（一）

補充說明

1. 此件為落肩袖的型式，袖長需扣除落肩的長度及袖口布的寬度
   的一半。

2. 前片共有六條的細襞褶設計。

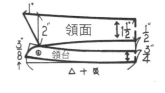

領面

領台

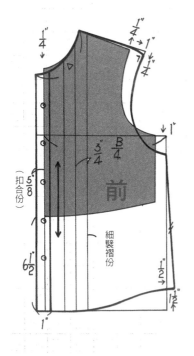

前

細襞褶份

$\frac{B}{4}$

$\frac{3}{4}$"

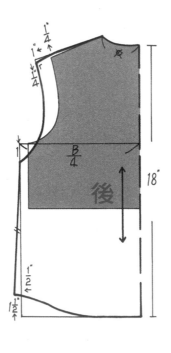

後

$\frac{B}{4}$

18"

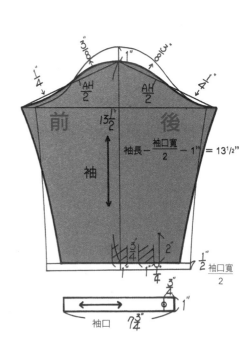

前　　　後

$\frac{AH}{2}$　$\frac{AH}{2}$

袖

$13\frac{1}{2}$"

袖長 $-\dfrac{袖口寬}{2}-1" = 13\frac{1}{2}"$

袖口　$7\frac{3}{4}$"

$\dfrac{袖口寬}{2}$

117

製圖尺寸

B32"   L18"

袖長 15"   袖口 7"

有領台襯衫領襯衫（二）

補充說明

1. 前後片剪接片可利用不同顏色或質料作配布的設計。

2. 前後片線條鋸齒處是用特種車作裝飾壓縫。

3. 袖長長度需扣除落肩及 $\dfrac{袖口寬}{2}$ 的長度。

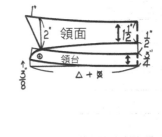

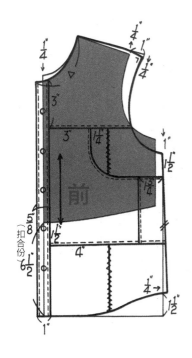

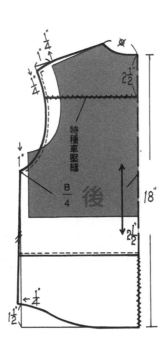

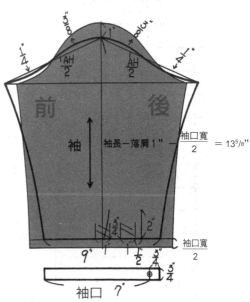

製圖尺寸
B32"   L17½"
袖長 5"

118

平領襯衫

補充說明

1. 前中心領子延伸 3"，可做為打結裝飾用。

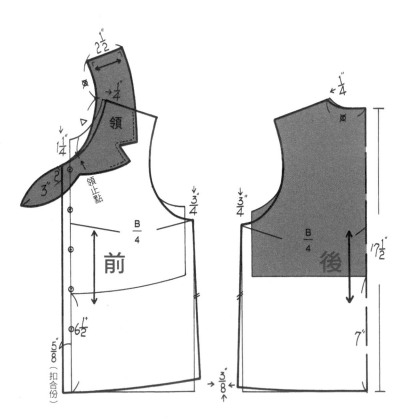

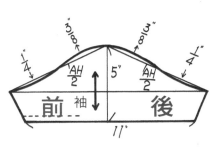

119

製圖尺寸

B32"　　　　L17½"
袖長 6"

荷葉領襯衫

補充說明

1. 原型袖的畫法，請參考兒童原型袖。

2. 前後片領子合併後，再切展開，拉成圓弧度，可形成領子的波浪褶。

荷葉領切展圖

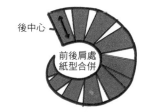

後中心

前後肩處
紙型合併

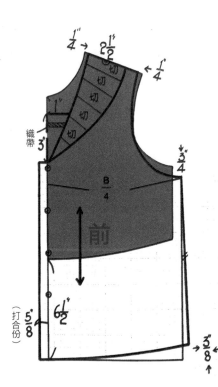

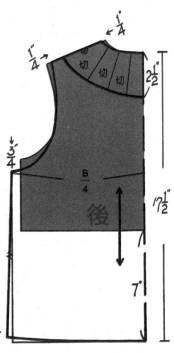

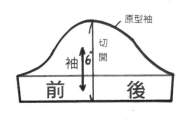

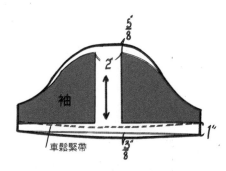

第四章

● 背心裙、吊帶裙
及吊帶褲

背心裙

吊帶裙及吊帶褲

裙

褲

裙

製圖尺寸
B30"　　　裙長 12"

120

背心裙（一）

補充說明

1. 腰圍剪接線提高 $1\frac{1}{2}$"，視覺上較活潑可愛。

2. 前中心有一蝴蝶結裝飾。

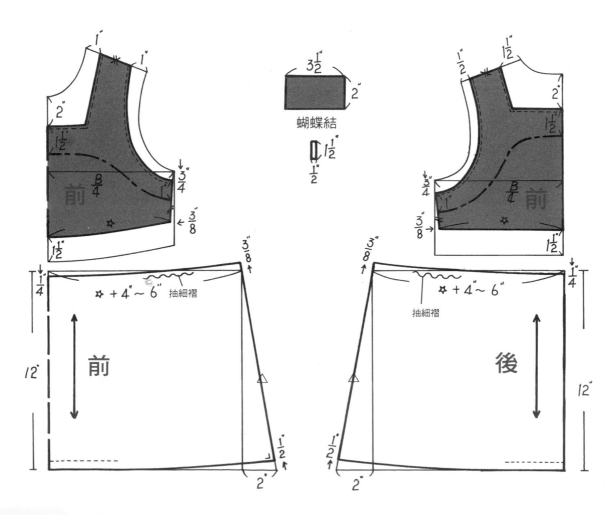

121

製圖尺寸

B30"　　　　裙長 12"

背心裙（二）

補充說明

1. 此件款式為前中心及兩側脅邊有拉鍊的設計。

2. 腰圍剪接線提高，能增添可愛的感覺。

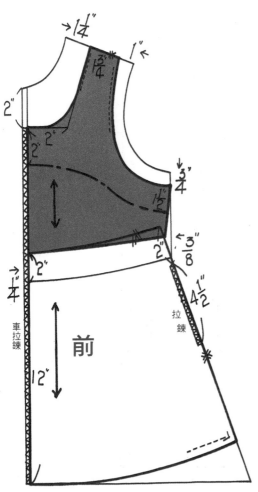

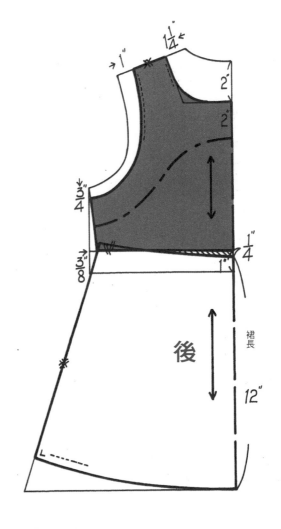

製圖尺寸

B32"　　　　L21"

122

吊帶裙（一）

補充說明

1. 前脅邊有開口的設計。

2. 前片中心處布褶雙裁剪，後片則裁開再接縫。

3. 裙襬較不寬大 $8\frac{1}{2}$" 寬可。

4. 後中心下襬有開叉的設計。

5. 肩處紙型需合併，再裁剪布料。

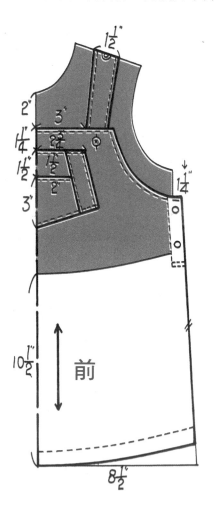

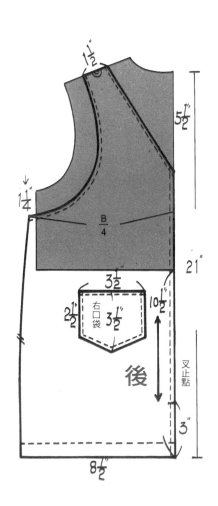

123

製圖尺寸
B30" 裙長 17³/₄"

吊帶裙（二）

補充說明

1. 裙襬處多一層裝飾布，可於車縫下襬裝飾線時車縫固定。

2. 前後肩帶處紙型合併再裁剪布料。

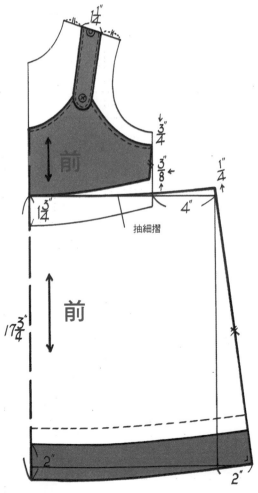

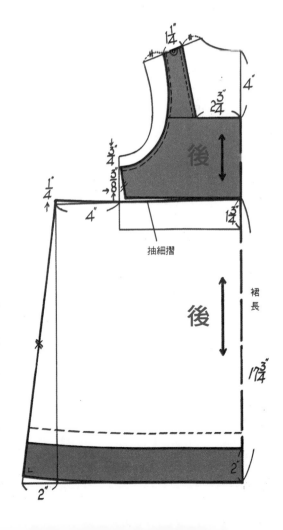

製圖尺寸
B32"　　　L21"

124

吊帶裙（三）

補充說明

1. 前後片肩處肩帶需合併再裁剪布料。

2. 裙子切開處可加入抽細褶的份量，當布料為薄料時，份量可加至腰圍的一半；若為厚料，份量則減之。

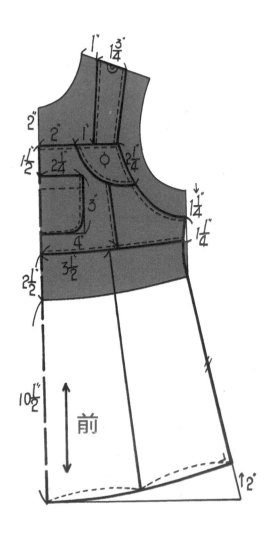

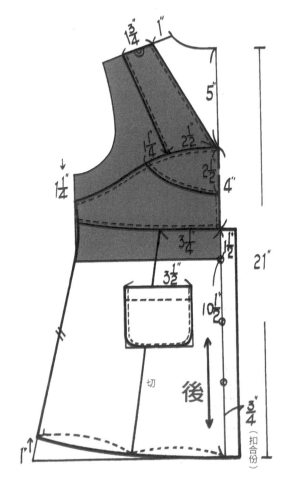

125

吊帶裙（四）

補充說明

1. 此件在前，後片處皆有配別布的設計。

2. 肩處帶子的紙型需合併後再裁剪布料。

3. 前後片品牌商標處的圖案，可自由設計。

4. 前片裙子前中心處布不摺雙，但後中心則要摺雙。

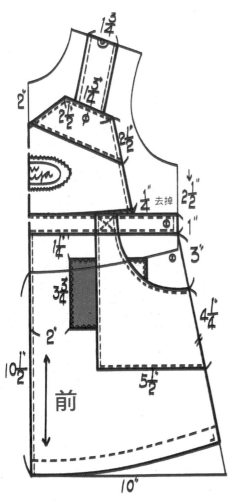

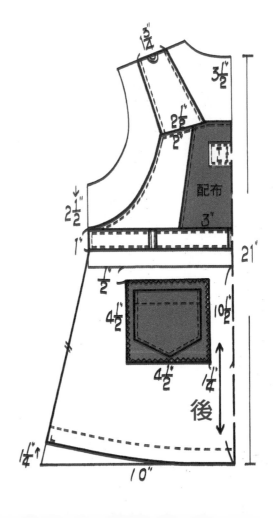

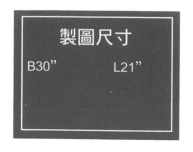

製圖尺寸
B30"　　　　L21"

126

吊帶裙（五）

補充說明

1. 前中心及前脅皆有開口的設計。

2. 肩處帶子紙型需合併再裁剪布料。

3. 後片裙子切開抽細褶的份量可依布料的厚薄作調整，最多可
　 增至 1/2 倍的份量。

4. 前後接縫片，可做適當的配布設計。

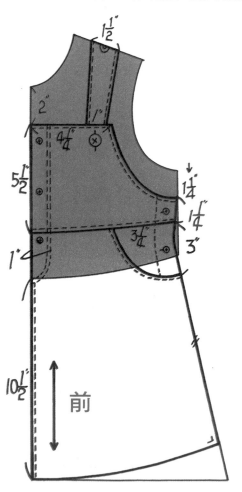

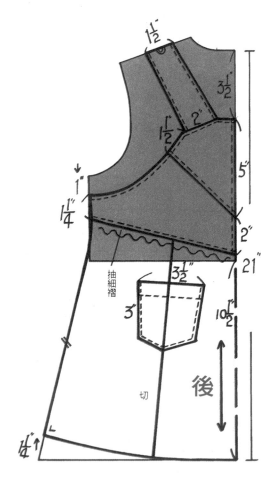

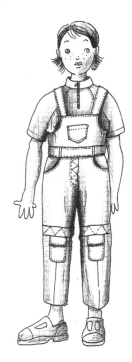

127

製圖尺寸

B32"	H34"
背長 10½"	褲長 27½"
股上 9"	褲口 13"

吊帶褲（一）

補充說明

1. 此件為上衣與褲子相連接的連褲裝，肩帶於肩線處紙型需合併再裁剪布料。

2. 後中心腰圍處部份車縫鬆緊帶。

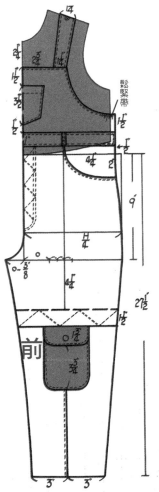

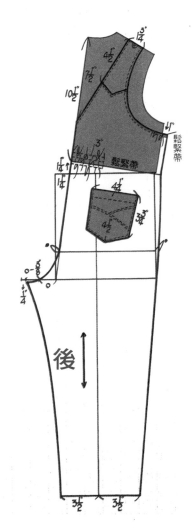

製圖尺寸

B32"	H34"
背長 10½"	褲長 27½"
股上 9"	褲口 13"

128

吊帶褲（二）

補充說明

1. 此件為上衣與褲子相連接的連褲裝，肩帶於肩線處紙型需合併 再裁剪布料。

2. 前片於兩脅邊處，後片為整個腰圍全部車縫鬆緊帶。

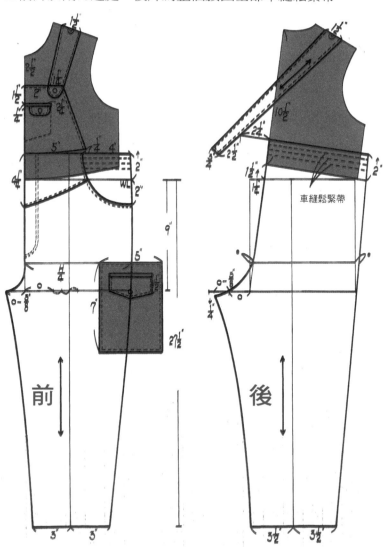

車縫鬆緊帶

前　　　　　後

129

製圖尺寸

B30"	H34"
背長 10½"	褲長 20"
股上 9"	褲口 17"

吊帶褲（三）

補充說明

1. 此件為上衣與褲子相連接的連褲裝，肩帶於肩線處紙型需合併再裁剪布料。

2. 後中心腰圍處車縫一小段的鬆緊帶。

3. 前後片口袋及脅邊剪接片可採用不同質料或顏色來搭配設計。

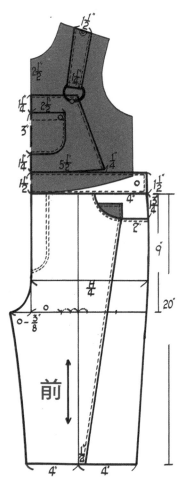

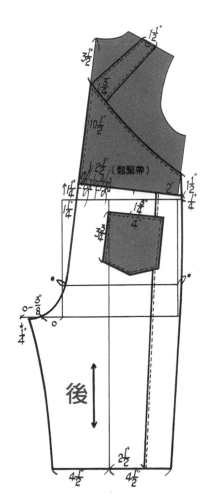

第五章

● 洋裝及套裝

套裝

裝及套裝

裝

及套裝

洋裝及套裝

製圖尺寸

B30" L21$\frac{1}{2}$"

背長 10$\frac{1}{2}$" 褲長 27$\frac{1}{2}$"

股上 9" 褲口 13"

130

高領洋裝

補充說明

1. 前片的脅邊褶子合併,轉移成領圍褶。

2. 此件款式為上半身較為合身的A型洋裝。

3. 前胸處及袖口有接縫別布的設計。

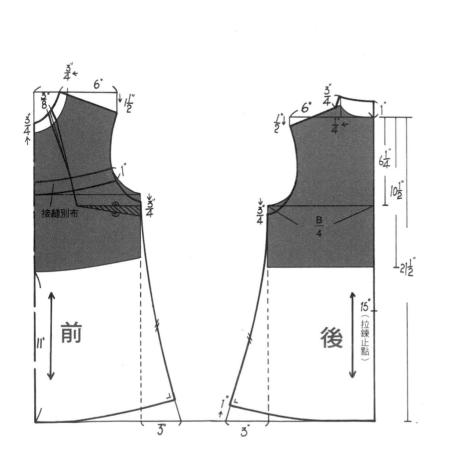

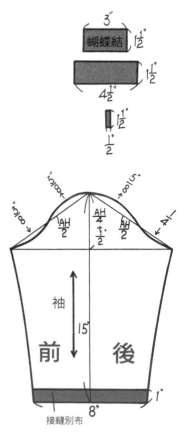

平領洋裝（一）

製圖尺寸

B30"   裙長 12"

袖長 15"

131

補充說明

1. 領子肩線重疊 1/2"，可使領片較服貼身體。

2. 腰圍剪接線提高，能增添可愛的感覺。

3. 袖子的袖山處及袖口有抽細褶，故袖子紙型須切開處理。

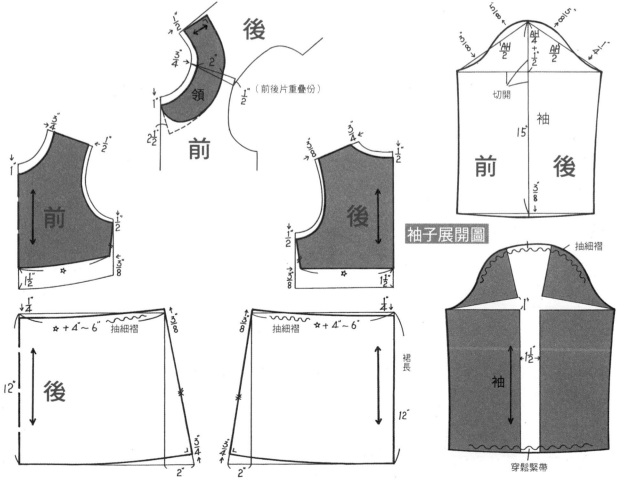

製圖尺寸

B30"　　　衣長 21"
袖長 15"　　袖口 7"

132

平領洋裝（二）

補充說明

1. 此件為較正式的洋裝設計。

2. 前中心布摺雙，後中心布裁開。

3. 腰處有腰帶作裝飾，可掩飾上衣與裙子的接縫線。

4. 裙子腰圍處有活褶的設計。

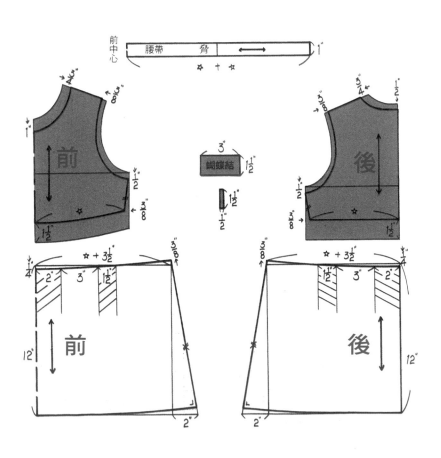

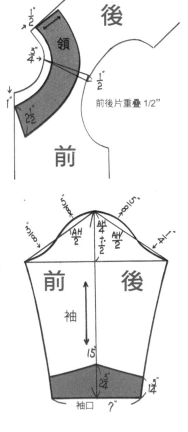

133

製圖尺寸

B30"　　　　裙長 12"

袖長 15"　　袖口 6³/₄"

平領洋裝（三）

補充說明

1. 前片有車細褶的裝飾設計。

2. 腰圍剪接線提高,能增添可愛的感覺。

3. 袖口處有抽細褶的設計。

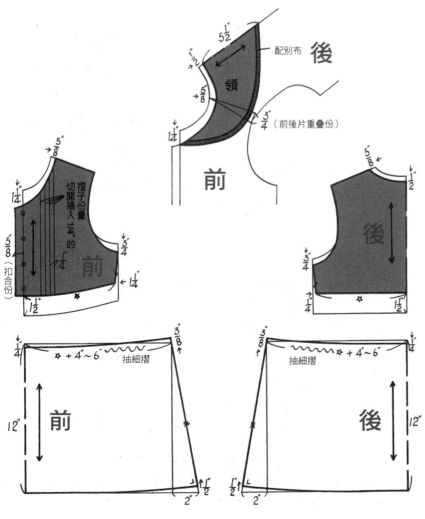

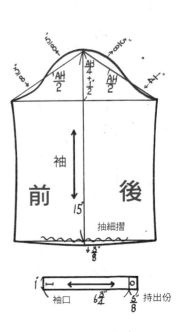

製圖尺寸

B28"　　　衣長 21³/₄"

袖長 15"　　袖口 7 ³/₄"

134

平領洋裝（四）

補充說明

1. 洋裝的外型為傘型的款式設計。

2. 袖口及領片有蕾絲及織帶的設計。

3. 前胸及背寬袖孔處去掉 1/4" 的份量，可使衣身更合身。

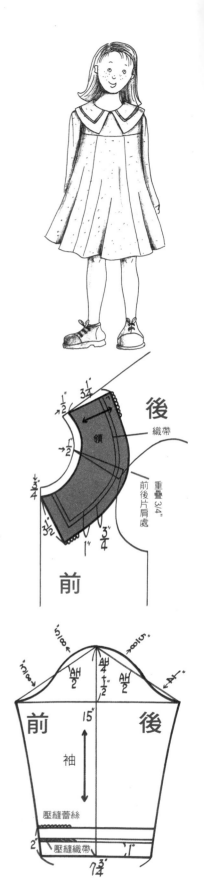

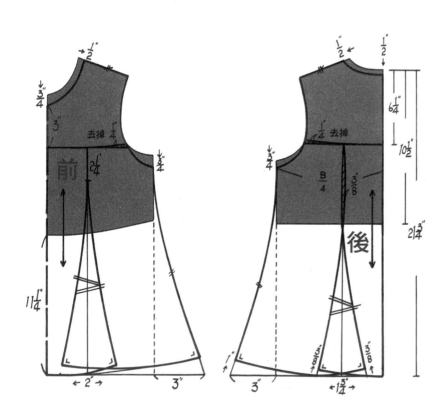

135

製圖尺寸

B28"　　　衣長 21³/₄"

袖長 15"　　袖口 6³/₄"

平領洋裝（五）

補充說明

1. 脅邊胸褶轉移至肩褶，於公主線消失掉。

2. 領片處可用蕾絲裝飾。

3. 前片公主線有蝴蝶結的裝飾。

4. 袖口有抽細褶處理。

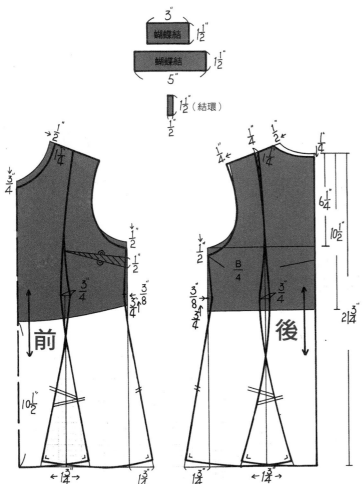

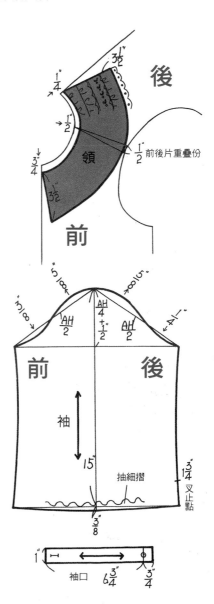

製圖尺寸
B30"　　　　裙長 12"

136

平領洋裝（六）

補充說明

1. 裙子腰圍處有抽細褶處理，故裙子紙型需切開。
2. 腰圍接縫處提高，能增添可愛之感。

身片前後肩線
重疊愈多，領
子愈立起，重
疊愈少領子愈
披肩

後

領

前

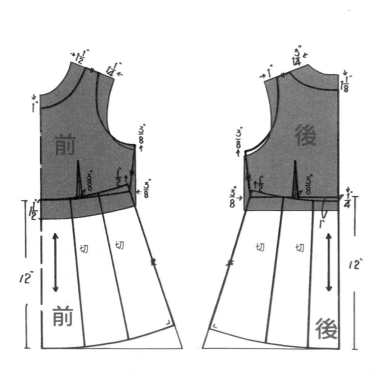

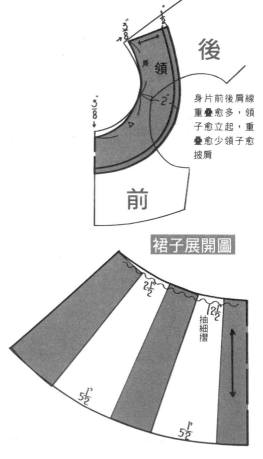

裙子展開圖

抽細褶

137

製圖尺寸
B30"　　　裙長 12½"

拉克蘭袖洋裝

補充說明

1. 前中心鈕環處可穿細絲帶交叉變化穿綁（如設計圖）

2. 前後袖合併，袖山及袖口處車縫細鬆緊帶（底線梭殼繞捲細鬆緊帶，上線用車線的車縫方式）。

3. 裙子褶子合併，裙襬切開，可使裙襬波浪增多。

裙子展開圖

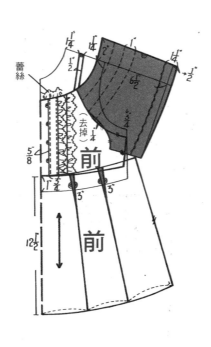

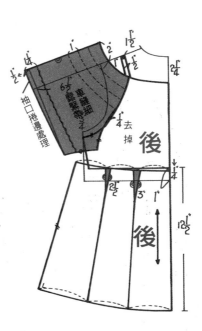

138

小外套及無袖洋裝（一）

補充說明

1. 脅邊胸褶轉移至袖孔公主線處消失掉。
2. 洋裝下襬及外套有花邊弧度的設計。
3. 此件洋裝為上半身合身，下半身展開的設計。

製圖尺寸

B30"　　裙長 12"

小外套

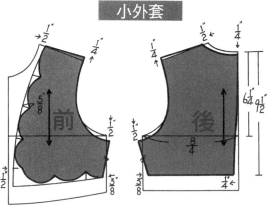

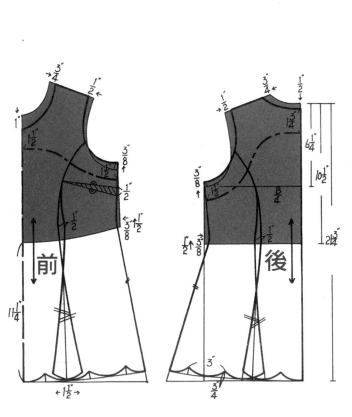

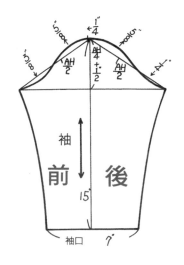

139

製圖尺寸

B30"　　　裙長 12"

袖長 15"　　袖口 7"

小外套及無袖洋裝（二）

補充說明

1. 此件為背心裙加短外套的搭配型式。
2. 腰圍剪接線提高，能增添可愛的感覺。

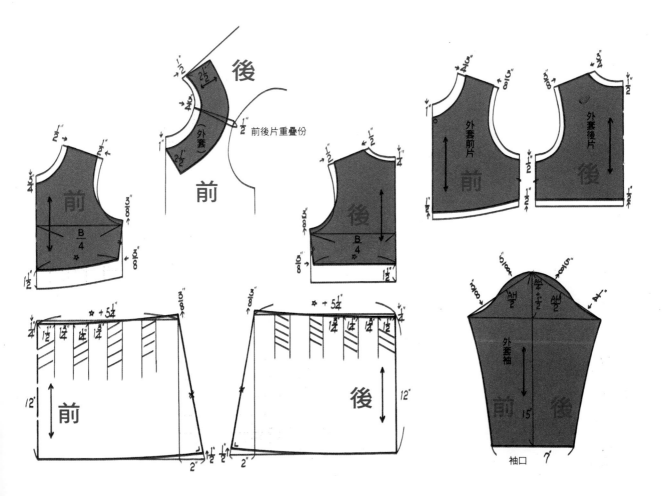

第六章

● 外套及大衣

製圖尺寸

B38"　　　袖長 15"
背長 10½"　袖口 10"
L21"

140

外套（一）

補充說明

1. 袖長需扣除落肩的長度。

2. 下襬處有帶子的設計，可使下襬的大小作適當的鬆緊調整。

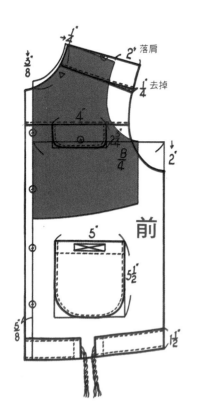

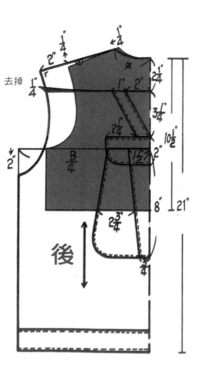

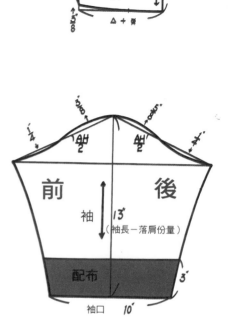

141

製圖尺寸

B38"　　　衣長 21"

袖長 15"　　袖口 10"

外套（二）

補充說明

1. 腰圍處車縫鬆緊帶，下襬有穿繩子的設計。

2. 袖口處的袖環可依手臂的粗細調整扣合的位置。

3. 左右前襟線分開製圖。

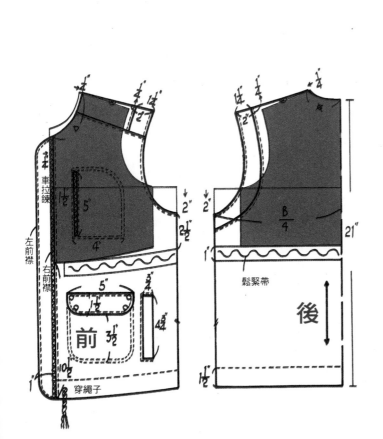

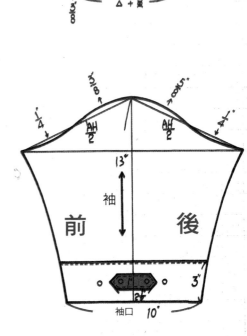

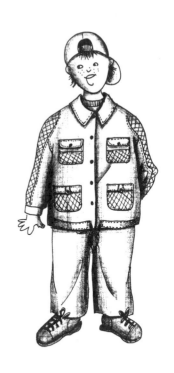

製圖尺寸

B38"　　　　衣長 21"

袖長 15"　　袖口 8½"

142

外套（三）

補充說明

1. 前片、後片、領子及袖子可採用另一種配色布來搭配設計。

2. 前後片、肩處及袖中心處有紙型合併的設計。

3. 衣身下襬可穿繩子，天氣寒冷時可束緊衣身較為保暖。

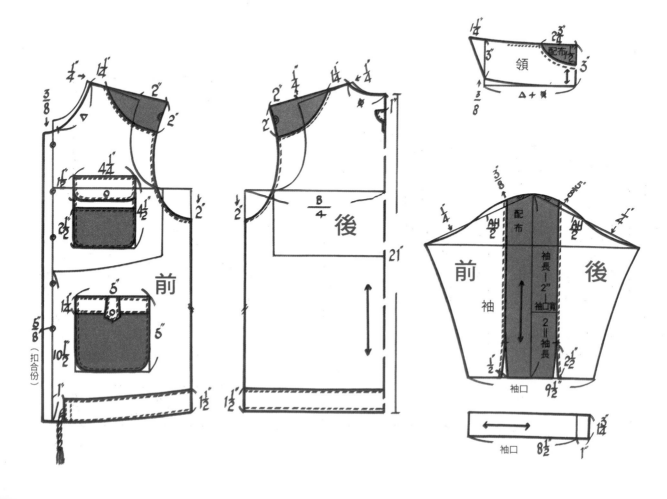

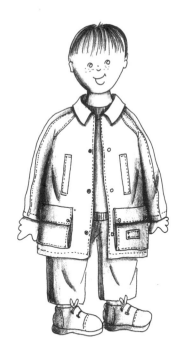

143

製圖尺寸

B38"　　　衣長 21"

袖長 15"　　　袖口 9"

拉克蘭袖外套（一）

補充說明

1. 袖子部份前片與後片紙型有合併的設計，而使前後袖接縫線移向前片。

2. 口袋處有加上襠布，可強調立體感的設計，可裝許多東西，而不影響外觀形態。

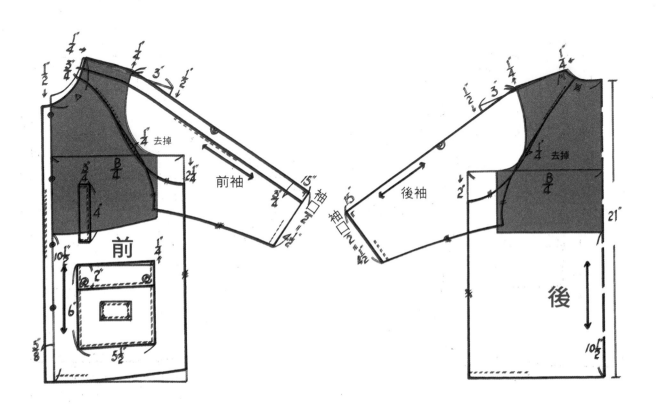

製圖尺寸

B38"　　　衣長 22"
袖長 15"　　袖口 9"

144

拉克蘭袖外套（二）

補充說明

1. 此件外型為傘型的外套型式，拉克蘭袖的打版方式，可易於兒童的活動。

2. 打版時需注意前後片袖下需等長。

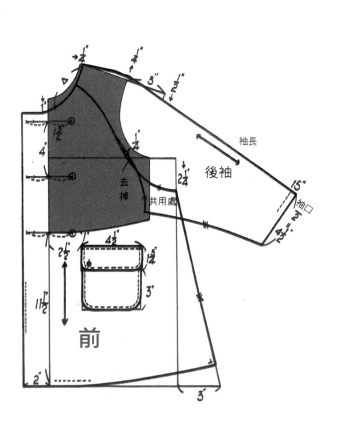

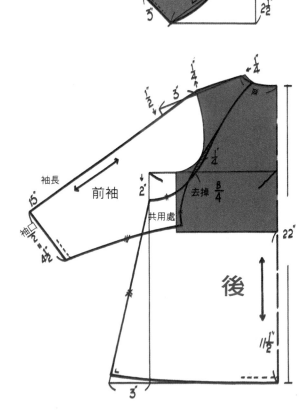

145

製圖尺寸

B38"　　　衣長 22"

袖長 15"　　袖口 9"

拉克蘭袖外套（三）

補充說明

1. 領片車縫於身片及貼邊之間。

2. 袖口處有飾處的裝飾。

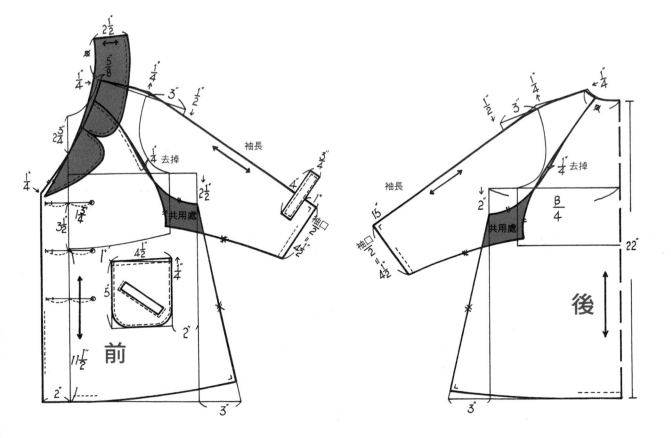

製圖尺寸

B38"　　　衣長 21"

袖長 15"　　袖口 9"

146

帽式外套

補充說明

1. 此款為落肩袖及有帽子的設計，因身片落肩2"，故袖長
   打版時為 13"。

2. 前片及袖子的口袋，可用不同顏色或質料來變化設計。

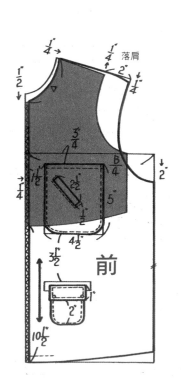

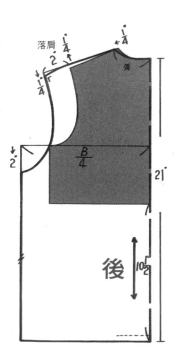

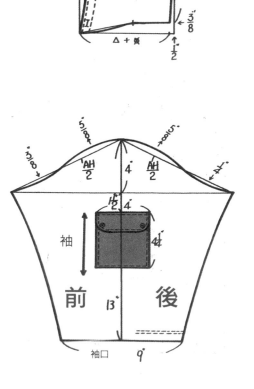

147

長大衣

補充說明

1. 此款為落肩袖的型式，因身片落肩 2"，故
   袖長打版時為 13"。

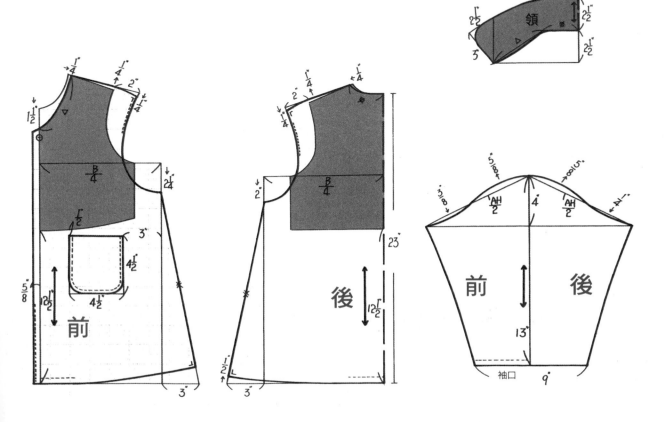

男裝&童裝成衣打版技法

Pattern Making & Production of Men's and Children's Garments

著　　者：蘇惠玲・翁麗明

出 版 者：北星圖書事業股份有限公司

發 行 人：陳偉祥

發 行 所：台北縣永和市中正路458號B1

　　　　　電話：02-29229000　傳真：02-29229041

封面設計：楊適豪

打版繪圖：翁素婷

美術編輯：象形國際文化股份有限公司

　　　　　台北市三民路107巷24號1樓

　　　　　電話：02-27530234　傳真：02-27533876

定價：320元整

2005年6月1日初版